景观设计员工作手册

史华伟　编著

天津大学出版社
TIANJIN UNIVERSITY PRESS

图书在版编目(CIP)数据

景观设计员工作手册 / 史华伟编著. -- 天津 : 天津大学出版社, 2024.4
中国特色高水平建筑装饰工程技术专业群建设系列教材 高职教育新形态工作手册式教材
ISBN 978-7-5618-7703-6

Ⅰ. ①景… Ⅱ. ①史… Ⅲ. ①园林设计－景观设计－高等职业教育－教材 Ⅳ. ①TU986.2

中国国家版本馆CIP数据核字(2024)第074883号

出版发行 天津大学出版社
地　　址 天津市卫津路92号天津大学内（邮编:300072）
电　　话 发行部:022-27403647
网　　址 www.tjupress.com.cn
印　　刷 天津泰宇印务有限公司
经　　销 全国各地新华书店
开　　本 787mm×1092mm 1/16
印　　张 7.75
字　　数 198千
版　　次 2024年4月第1版
印　　次 2024年4月第1次
定　　价 38.00元

目　　录

任务一：认知景观设计公司

工作活动1：了解景观设计公司的企业文化

一、工作内容

了解景观设计公司的企业文化、经营理念，融入景观设计公司的员工队伍；熟悉景观建设项目的建设程序；熟悉景观设计公司的组织机构、分工协作机制；根据景观设计公司的业务范围分析其所处的市场环境，清楚其市场定位；掌握能够与景观设计公司共同成长、进步和发展的学习方法。

二、工作活动综合素质要求

具备一定的景观设计专业知识和核心能力；具备良好的道德品质；具备较强的责任意识、安全防护意识、团结合作意识、遵纪守法意识；具备勤奋学习、艰苦奋斗、实干创新的敬业精神，以及热爱景观设计行业的工匠精神。景观设计员讨论设计方案如图 1-1 和图 1-2 所示。

图 1-1 景观设计员讨论设计方案（一）

图 1-2 景观设计员讨论设计方案（二）

三、工作中用到的知识点

1. 企业文化

企业文化是指公司在发展过程中逐渐形成的价值观、信念、道德准则、行为规范、制度等具有一定价值内涵且具有公司自身特色的内容的总和。企业文化具有一定的传承性，其在不同代际的员工之间传递，影响员工的价值观和行为，是企业得以长期发展的基础。

企业文化既包括无形的精神属性的内容，也包括可见的文化属性的内容，体现了公司的经营理念、使命与价值观，反映了公司的核心精神，是公司设计各项制度的重要基础。图 1-3

所示为景观设计公司员工参加公司活动。

图 1-3 景观设计公司员工参加公司活动

企业文化包括物质表现、价值理念以及深层假设。其中，物质表现是指企业文化会通过企业外显的形象、工作流程、规章制度等由直观体验的要素反映。首先，物质表现能够让人们直观地对企业文化产生印象，比如可以从企业的建筑风格、办公室风格、人际关系、员工的着装风格等体现企业的文化。其次，物质表现是企业文化的表象，而在表象之下是企业的价值理念。企业文化就像一座冰山，浮在水面的部分是员工行为等可被直接观察到的方面，而在水面之下的部分是企业的价值理念等不可被直接观察到的方面。价值理念是企业的核心内容，体现了企业的战略目标、经营哲学、道德规范等内容。企业表象的不同并不能完全体现企业价值观的不同，在同样的企业表象下，不同的价值理念会对其有不同的诠释。比如互联网公司常用圆形扁平会议桌办公，有的公司认为这种会议桌更为时尚、美观，有的公司认为这种会议桌体现了企业扁平化组织的结构，大家在这种工作环境下能够产生信任关系，有利于人际交流。可见，企业的价值理念体现了企业不同行为的内在逻辑。最后，深层假设是企业价值观、行为规范的沉淀，是企业文化对员工行为产生的潜移默化的影响所形成的集体潜意识。集体潜意识深刻地影响着企业员工的行为，被企业员工广泛接受，是企业文化得以在企业发挥作用和传承的关键。

企业文化可以进一步划分为核心层的精神文化、中间层的制度文化、幔层的行为文化以及表层的物质文化。其中，表层的物质文化包括企业的办公环境、宣传标语、着装要求等内容。幔层的行为文化是指企业员工的行为规范、制度等，包括企业中的人际关系、团队建设等内容，其又可以具体划分为管理人员、优秀员工以及普通员工等不同类型的行为文化。中间层的制度文化是指企业在生产经营中建立的各项规章制度，是对员工行为的约束。企业的制度文化体现了企业的精神文化，是对企业和员工行为认知的具体体现。核心层的精神文化体现了企业的价值观念、道德规范等，是企业文化的核心组成部分。

2. 景观建设项目的建设程序

景观建设项目的建设程序是指从项目的投资意向、投资机会选择、项目决策、设计、施工到竣工验收、交付使用的整个过程，反映了工程建设的客观规律，体现了工程项目的内部联系和发展过程，是不可随意改变的。

景观建设项目的建设程序主要包括立项决策阶段（策划阶段），设计及准备阶段，实施阶段和竣工验收、交付使用阶段。建设程序和建设程序的工作内容如图 1-4 和图 1-5 所示。

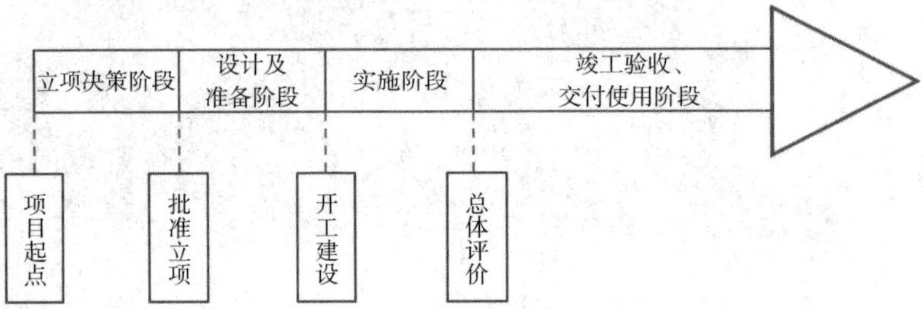

图 1-4 建设程序

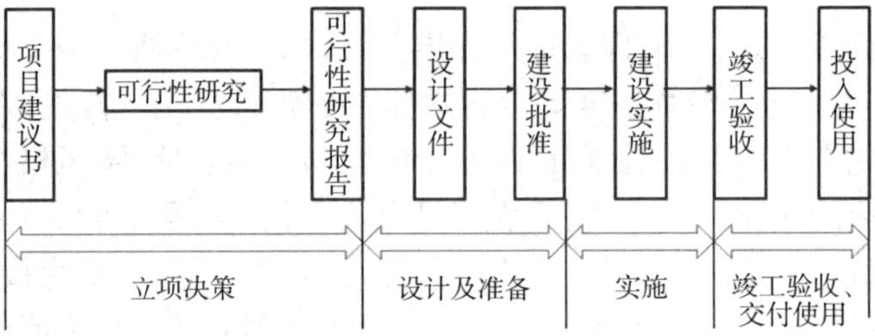

图 1-5 建设程序的工作内容

（1）立项决策阶段。该阶段形成工程建设项目的建设方案，正式立项。具体可分为提出项目建议书、进行可行性研究、编制可行性研究报告和批准可行性研究报告（即立项）等步骤。

（2）设计及准备阶段。该阶段具体包括初步设计、技术设计、施工图设计和建设前期准备工作。

（3）实施阶段。该阶段将工程建设项目的图样实现为建筑产品，具体可分为申请批准工程建设项目建设（列入基建年度计划）、施工准备、组织施工和生产（或投入使用）准备四个步骤。

（4）竣工验收、交付使用阶段。该阶段检验工程的质量和功能是否满足预定目标和要求，具体进行工程的竣工验收，然后交付使用。

四、工作步骤

步骤一：获取景观设计企业的全称，登录景观设计企业官网、微信公众号，或者利用商业

查 询平台查询景观设计企业的相关信息。认真了解企业简介和企业发展历程；熟知企业文化、经营理念；了解企业业务范围和经营业绩；记录企业的联系方式。

步骤二：获取景观设计企业的招聘信息，分析招聘岗位要求，全面评估自己的综合能力是否符合招聘要求。

步骤三：针对不同的景观设计企业制作或调整自己的简历和作品集，并根据理想岗位的招聘要求，在简历和作品集中突出展示招聘岗位所需要的景观设计员职业技能和综合素质。

步骤四：主动联系景观设计企业，争取面试或者拜访企业的机会。通过实地拜访进一步了解景观设计企业的办公环境和文化氛围，积极与相关人员交谈，进一步领会企业文化和经营理念。

步骤五：入职后进一步深刻理解景观设计企业的企业文化、经营理念，融入景观设计企业的员工队伍。

步骤六：通过岗前培训和实习，熟悉景观建设项目的建设程序；熟悉景观设计企业的组织机构、分工协作机制；根据景观设计企业的业务服务范围分析其所处的市场环境，明确其市场定位；掌握能够与景观设计企业共同成长、进步和发展的学习方法。

五、考核标准

认同景观设计企业的企业文化、经营理念，融入景观设计企业的员工队伍；熟悉景观建设项目的建设程序；熟悉景观设计企业的组织机构、分工协作机制。

六、任务模拟练习题

从网络上搜索某景观设计企业的招聘信息，完成上述步骤一至步骤三。然后分组合作，进行模拟面试。“面试官”和“面试者”都要充分了解该景观设计企业的文化背景。

工作活动2：掌握景观设计员岗位职责

一、工作内容

理解景观设计员的定义和职业等级；熟知景观设计员应该具备的理论知识和实践操作技能；完全熟悉景观设计员的岗位职责。

二、工作活动综合素质要求

具备景观设计基础知识，包括景观设计概论、景观设计的构成、景观设计的内容、景观设计方法与程序、测量学基本知识、计算机绘图知识、景观美术基本知识、园林植物学基本知识等；具备一定的景观专业知识，包括景观类型设计基本知识、水体景观环境设计基本知识、城市夜间景观照明设计基础知识、景观工程施工图设计基本知识、景观工程施工基本知识、设计业务管理等；具备景观设计相关知识，包括场地设计基本知识、建筑设计基本知识、城市规划基本知识、职业道德、景观设计相关法规与标准；具备计算机辅助绘图的能力，包括 AutoCAD、Photoshop、SketchUp、Lumion、3Dmax、InDesign 等软件的应用能力；具备景观工程设计与构思能力、景观设计表现能力，包括景观效果图绘制、动画制作、方案文本制作等能力；具备景观工程施工图的绘制能力。

三、工作中用到的知识点

1. 景观设计

景观设计是人们对景观进行的有目标的规划设计活动，其主要目标是改造与保护环境、传承历史，终极目标是满足人们的精神需求和物质需求。

景观设计的内涵及范围极为广泛，形式也千变万化。从广义上讲，景观设计分为自然景观设计和人文景观设计。从空间的角度来说，景观设计包含一切可以感知的行为空间，如城市广场、街道、社区、公园、河岸、景点、集会空间等人群集散场所，室内的厅堂，室外的庭院、花园、草坪等。从设计内容的角度来看，景观设计可分为软质景观设计和硬质景观设计。软质景观设计包括对花草树木、水体、阳光、空气、风和雨水等的设计；硬质景观设计包括对景观建筑，地面铺装，界定领地的围墙、栏杆等的设计。

景观设计在某一区域内是一个由形态、形式因素构成的较为独立的，具有一定社会文化内涵及审美价值的景物。因此，景观设计必须具有两个属性。一是自然属性，它必须是一个由光、形、色、体构成的可感因素。二是社会属性，它必须有一定的社会内涵，有观赏功能和使用功能，能改善环境，并可以通过其内涵的发挥，引发人产生情感、意趣、联想、移情等心理反应，即所谓的景观效应。

2. 景观设计的构成

景观设计的应用范围十分广泛。从土地生态规划、流域规划到区域景观规划，从国家生态保护到国家公园建设，从城市绿地系统规划到城市广场、步行街规划，从城市公园建设到私家花园建设，从局部环境建设到街头城市小品、雕塑设计等，都被纳入了景观设计体系。景观设计工作在逐渐系统化，具体可以分为以下内容。

（1）区域规划和设计。区域景观设计，就是在几百、几千乃至上万平方千米的区域尺度上设计、梳理区域内的水系、山脉、绿地系统和交通。

（2）城市规划和设计。城市的公共空间、开放空间、绿地和水系等需要由人们来设计，这些界定了城市的形态。

（3）风景旅游地和历史文化遗产地的规划和设计。

（4）城市与区域生态基础设施规划和自然地（如湿地、森林）设计。

（5）综合地产开发项目的规划和设计。

（6）校园、科技园区和办公园区的规划和设计。

（7）花园、公园和绿地系统的规划和设计。

（8）其他特殊用地的规划和设计（包括坟墓等的设计）。

3. 景观设计的基本流程

景观设计是一门极其复杂而庞大的综合性学科，内容广泛，专业知识面广。景观设计包含科学、技术、艺术、市场以及人们的心理活动等。作为一个合格的景观设计员，除了必须了解社会、了解时代、了解人们的心理活动、了解委托方的经营目标，还要知道保证设计质量的重要前提是遵循规范的景观设计程序，并掌握科学合理的设计方法。一个好的设计方案，必须有合理的总体工作计划、规范的设计程序，以及认真负责的景观设计员。

景观设计的基本程序：首先了解设计对象、制定设计流程；其次依次进入设计准备阶段、设计构思阶段、初步方案阶段、方案深化阶段、方案确定阶段；最后进入施工监理阶段。

四、工作步骤

步骤一：理解景观设计员的定义和职业等级。景观设计员是指从事景观设计、园林绿化规划建设和室外空间环境创造等的工作人员。

步骤二：通过景观设计企业的岗前培训或是在景观设计中的具体实践，获知景观设计企业景观设计员的岗位职责。

步骤三：依据景观设计员的岗位职责，持续深入学习景观设计员岗位所需的景观设计基础知识、景观设计专业理论知识、景观设计相关知识，提升景观设计应用能力和职业道德水平，积极学习景观设计的相关法规与标准，了解景观设计行业前沿的理论与技术应用。

五、考核标准

理解景观设计员的定义和职业等级；熟知景观设计员应该具备的理论知识和实践操作技能；熟练掌握景观设计员的岗位职责。

六、任务模拟练习题

根据以下景观设计任务书，分组讨论完成景观设计方案，并详细列出景观设计员的工作内容与工作计划。

景观设计任务书

某职业培训学校拟对教学楼间的场地进行景观设计，用地情况和方案设计要求具体如下。

1. 场地概况

此次设计任务为园内局部景观设计。该职业培训学校位于北方某城市。场地共分为A、B 两个地块：B 地块绝对标高为 111.9 m，相对标高为-0.3 m；A 地块绝对标高为 116.1 m，相对标高为 3.9 m。地形南高北低，南北高差为 4.2 m。B 地块为自然土，A 地块为地下车库上层平面，覆土深度 1.1 m。

场地北侧为消防通道，周边三个建筑分别为教学楼、多功能楼与活动中心。建筑由北向南呈阶梯状布置。地块东南为通往校外的小路，西南为校园小广场入口。场地除了北面与消防通道相连，西南与小广场相接，东南与一条通向园外的小路相连，其余均为相邻建筑外墙。场地概况如图 1-6。

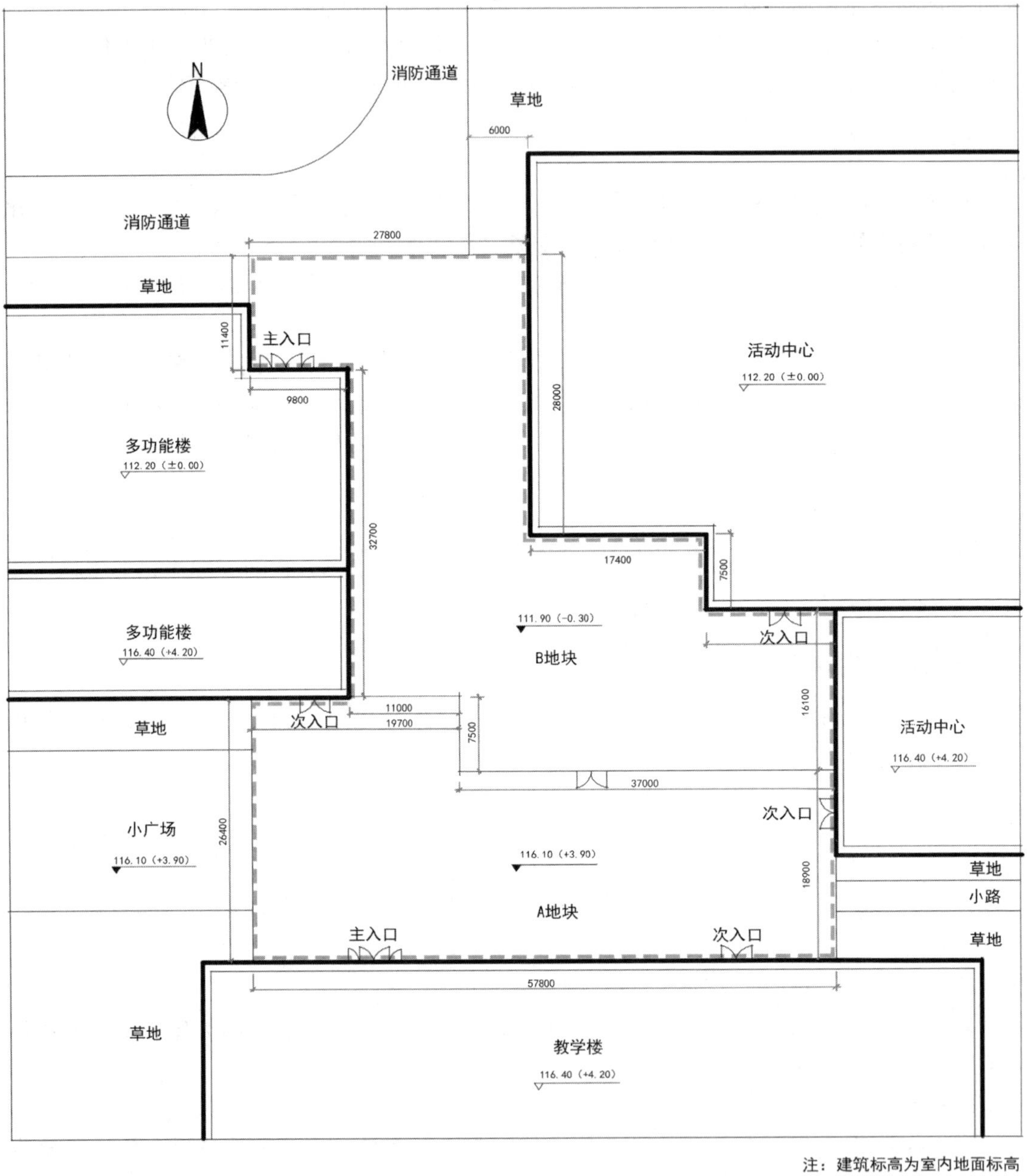

图 1-6　场地概况

2. 设计要求

（1）通过竖向设计的方式（如高差台阶、坡道等）解决 B 地块与 A 地块的衔接问题，要注意无障碍设计。

（2）设计中要注意铺装、水体，以及灯具布置，且须标注体现。

（3）设计要体现生态理念，同时注意立面处理（如绿色墙面、垂直绿化等），使景观设计与地形相契合。

3. 设计内容及图纸要求

（1）总平面图 1 张，需要标注主要景点、景观设施等，比例自定。

（2）剖立面图 2~3 张（包括 A 地块和 B 地块的剖面图）。

（3）分析图若干（必须有 1 张竖向设计分析图，表现形式不限）。

（4）景观表现图 2~3 张，形式不限。

（5）设计说明尽可能多体现生态设计、植物种植与设计构思。

（6）方案设计成果用 A3 纸打印，并装订成册。

工作活动 3：掌握景观设计员工作标准

一、工作内容

掌握景观工程分类与项目运行常识；掌握景观设计行业规范；掌握景观设计文件规范与技术要求；遵守景观设计员的职业道德。

二、工作活动综合素质要求

具备查找与学习景观工程分类与项目运行资料的能力；具备考察与了解景观项目现场的能力；具备检索、学习与应用景观设计行业规范的能力；具备遵守景观设计员职业道德的能力。

三、工作中用到的知识点

1. 景观工程分类

1）城市公共空间景观设计

城市公共空间景观设计强调人在场所中的体验，强调普通人在普通环境中的活动，强调场所的物理特征、人的活动的整体性。现代城市公共空间是为生活在城市中的普通人设计的。场所或景观不是让人参观的，而是供人使用的，让人成为其中的一部分。城市公共空间景观设计要考虑价值、文化和使用三个方面，其作为开放空间，是公有的。城市公共空间景观设计一方面给人创造幽雅的环境，另一方面给动物提供栖息的场所。徐州园博园上海园如图 1-7~图 1-10 所示。

图 1-7　徐州园博园上海园(一)

图 1-8　徐州园博园上海园(二)

图 1-9　徐州园博园上海园(三)

图 1-10　徐州园博园上海园(四)

2)居住区景观设计

(1)居住区景观设计的绿化问题。通过景观设计居住区不仅提高了社会效益,改善了环境,还提高了经济效益。目前,在基本解决了居住面积问题之后,人们已不再满足个人家庭内部环境，而是开始关注居住大环境的质量。从全面的景观规划设计标准来看，景观环境好的住宅小区并不仅仅是多种植一些花草树木而已。居住区不同位置的景观布局情况见表1-1。

表 1-1 居住区不同位置的景观布局情况

住区分类	景观空间密度	景观布局	地形及竖向处理
高层住区	高	采用立体景观和集中景观布局形式。高层住区的景观总体布局可适当图案化，既要满足居民在近处观赏时的审美要求，又要兼顾居民在居室中向下俯瞰时的景观艺术效果	通过多层次的地形塑造来提高绿视率
多层住区	中	采用相对集中、多层次的景观布局形式，保证集中景观空间具有合理的服务半径，尽可能满足不同年龄结构、不同心理取向的居民对景观的需求。具体布局手法可根据居住区规模及现状条件灵活选择，不拘一格，以营造出具有自身特色的景观空间	因地制宜，结合居住区规模及现状条件适度地进行地形处理
低层住区	低	采用较分散的景观布局形式，使居住区景观尽可能满足每户居民的需求，景观的散点布局可结合庭园塑造尺度适宜的半围合景观	地形塑造的规模不宜过大，以既不影响低层住户的景观视野又可满足其私密性要求为宜
综合住区	不确定	宜根据居住区总体规划及建筑形式选用合理的布局形式	适度地进行地形处理

现在的居住区景观设计不仅可以通过绿化环境、各类小品设施为人们提供与自然互动的空间，吸引人们走出居室，还可以为人们提供面积充足、设施齐备的软质和硬质活动场地，增加人与人的交往机会，创造和谐融洽的居住氛围。居住区景观设计的相关案例如图 1-11~图 1-14 所示。

图 1-11 居住区绿化景观

图 1-12　居住区中的园路

图 1-13　现实居住区中的绿化

（2）居住区景观设计的生态环境问题。从创造生态环境方面考虑，需要对以下 4 个因素进行设计。

①居住区休闲空间应争取拥有良好的采光条件，有助于居民户外活动。在气候炎热地区，需考虑设计足够的荫庇构筑物，以方便居民活动。

②居住区住宅景观不宜形成过于封闭的围合空间，要做到疏密有致，通透宽敞。

③要综合研究视觉景观多种元素的组合，达到色彩适人、质感亲切、比例恰当、尺度适宜、韵律优美的动态和静态观赏效果。

图 1-14　现实居住区中的铺装

④保持地域原有的人文环境特征，发扬优秀的民俗文化，从中提炼出具有代表性的设计元素，创造新的景观场景，引导新的居住模式。

3）带状空间景观设计

带状空间场所包括街道、机动车交通道路、视觉走廊和生态走廊。街道可细分为步行街与人车混行街，机动车交通道路可细分为高速公路、国道及一般性道路。带状空间景观设计要考虑的因素包括功能活动、景观形态和环境生态三大方面。带状空间景观设计如图 1-15 所示。

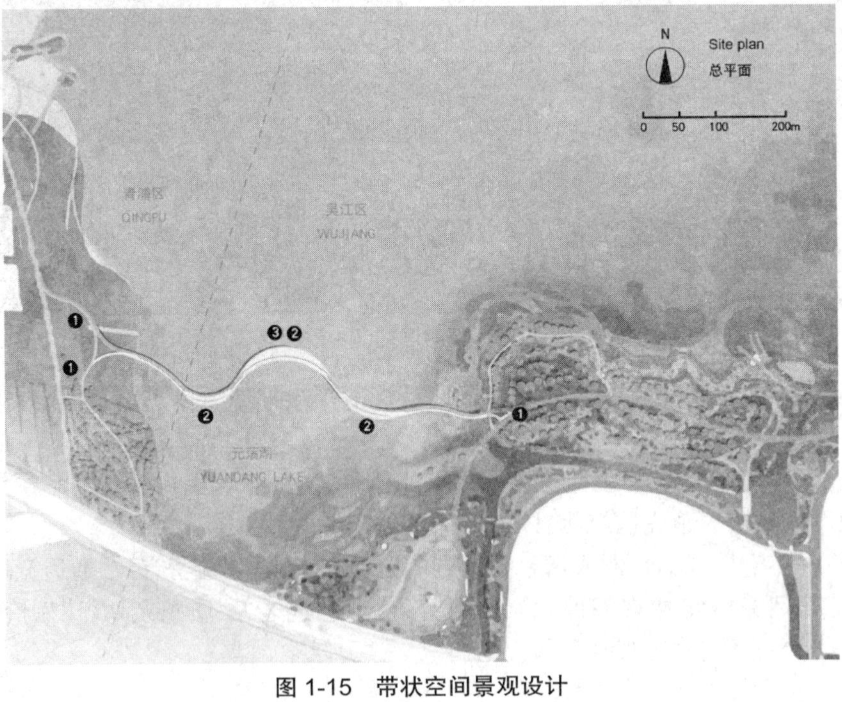

图 1-15　带状空间景观设计

4)风景区景观设计

目前，风景区景观生态化已是大势所趋，风景旅游区更应发挥自己的优势，加快建设生态化园林的步伐。从空间环境保护规划的角度出发，可通过绿化、水资源整治保护、大气粉尘治理净化和土壤保持与改造来保护人类聚居环境。根据地域特色和文化传统确定风景区景观设计的特色核心，并提出总体景观设计原则，通过总体规划、分区规划、控制性详细规划、修建性详细规划和单体设计等各设计阶段，有效地控制管理风景区景观建设，实现既丰富多彩又协调统一的景观特色面貌。风景区景观设计案例如图 1-16~图 1-18 所示。

图 1-16 徐州园博园风景区抽烟亭

图 1-17 徐州园博园风景区游客驿站

图 1-18　徐州园博园风景区

2. 景观工程项目运行常识

任何设计文件只有变成实际工程才能体现出其价值。景观设计员在掌握设计专业技能的基础上了解相应的项目运行常识是非常有必要的。景观工程项目运行常识主要包括以下内容。

(1)调研踏勘,认识环境。

(2)确定项目性质、研究容量指标、评估经济和筹划资金等。

(3)设计立题,编制项目建议方案。

(4)选择用地和立项。

(5)用地许可申请。

(6)组织设计方案,进行方案比选,申请规划许可证。

(7)设计方案评定,委托设计。

(8)项目实施,营造单位选定。

(9)地质勘探。

(10)营造施工,参加技术交底,监理检验。

(11)工程验收,竣工校验,全过程资料整理。

(12)技术档案汇编,整理归档。

3. 景观设计行业规范

1)一般原则

(1)树立全心全意为人民服务、为社会主义现代化建设服务的道德观念,献身景观事业,认真履行行业职责,在工程建设中做到诚实守信,让用户满意。

（2）坚持“百年大计，质量第一”的原则，精心设计，精心施工，不交付不合格的产品。

（3）信守合同，维护企业信誉，严格按合同要求设计，不拖期，不留尾巴。

2）其他原则

（1）坚持社会性原则。赋予景观亲切宜人的艺术感召力，通过美化生活环境，体现社区文化，促进人际交往和精神文明建设，并提倡公共参与设计、建设和管理。

（2）坚持经济性原则。顺应市场发展需求和地方经济状况，注重节能、节材，注重合理使用土地资源。提倡朴实简约，反对浮华铺张，并尽可能采用新技术、新材料、新设备，提高性价比。

（3）坚持生态性原则。应尽量保持现存的良好生态环境，改善原有的不良生态环境。提倡将先进的生态技术运用到环境景观的塑造中，以利于人类的可持续发展。

（4）坚持地域性原则。应体现所在地域的自然环境特征，因地制宜地创造出具有时代特点和地域特征的空间环境，避免盲目移植。

（5）坚持历史性原则。要尊重历史，保护和利用历史性景观。对于历史保护地区的景观设计更要注重整体的协调统一，做到保留在先，改造在后。

4. 景观设计文件规范与技术要求

1）方案阶段

（1）设计总说明。设计总说明包括设计依据、设计说明、硬质景观材质说明、植物选材说明、绿化面积和绿地比、主要技术经济指标和工程概算等。

（2）设计图纸。设计图纸包括总平面图、功能分区和分析图、交通（消防）流线图、竖向设计图、地面铺装设计图、绿化种植设计图、灯光设计图、小品和构筑物方案图以及配备的附属设施设计图等。

（3）效果图。效果图包括整体效果图、鸟瞰图、夜间亮化整体效果图、主要景观节点效果图、小品和构筑物效果图、地面铺装和绿化配置效果图等。

2）施工图阶段

（1）图纸目录。

（2）总平面图应详细标明以下内容。

①地形和地物。

②测量坐标网和坐标值、场地施工坐标网和坐标值。

③场地四界的测量坐标和施工坐标。

④建筑物、构筑物（人防工程、化粪池等隐蔽工程以虚线表示）定位的场地建筑坐标（或相互关系尺寸）、名称（或编号）、室内标高及层数。

⑤道路和排水沟等的施工坐标（或相互关系尺寸），路面宽度和平曲线要素。

⑥拆除旧建筑的边界，相邻单位的有关建筑物、构筑物的使用性质、耐火等级和层数。

⑦道路、铁路和明沟等的控制点（起点、转折点、终点等）的场地建筑坐标（或相互关系尺寸）、标高、坡向箭头、平曲线要素等。

⑧指北针和风玫瑰图。

⑨说明栏。说明栏内容包括施工图的设计依据、尺寸单位、比例、高程系统、施工坐标网与测量坐标网的相互关系以及补充图例等。

（3）竖向设计图应详细标明以下内容。

①地形等高线和地物。

②场地建筑坐标网和坐标值。

③场地外围的道路、铁路、河渠或地面的关键性标高。

④建筑物、构筑物的名称（或编号）和室内外设计标高（包括铁路专用线设计标高）。

⑤道路、铁路和明沟的起点、变坡点、转折点以及终点等的设计标高、纵坡度、纵坡距、纵坡向、平曲线要素、竖曲线半径。道路须注明单面坡或双面坡。

⑥挡土墙、护坡或土坡等构筑物的坡顶和坡脚的设计标高。

⑦用高距为 0.10~0.50 m 的设计等高线表示设计地面的起伏状况，或用坡向箭头标明设计地面的坡向。

⑧指北针。

⑨说明栏。说明栏内容包括尺寸单位、比例、高程系统名称、补充图例等。

⑩当工程简单时，竖向设计图可与总平面布置图合并绘制。当路网复杂时，可按上述内容单独绘制道路平面图。

（4）土方工程图应详细标明以下内容。

①地形等高线、原有的主要地形和地物。

②场地建筑坐标网和坐标值。

③场地四界的城市坐标和场地建筑坐标（或标注尺寸）。

④设计的主要建筑物和构筑物。

⑤高距为 0.25~1.00 m 的设计等高线。

⑥ 20 m × 20 m 或 40 m × 40 m 方格网，各方格点的原地面标高、设计标高、填挖高度、填区和挖区间的分界线、各方格土方量和总土方量。

⑦土方工程平衡表（附土方运移计算）。

⑧指北针。

⑨说明栏。说明栏内容包括尺寸单位、比例、图号、补充图例、坐标、高程系统名称、弃土和取土地点、运距、施工要求等。

⑩场地不进行初平时可不出图，但在竖向设计图上须说明土方工程数量。当场地需进行机械或人工初平时，须正式出图。

（5）管道综合图应详细标明以下内容。

①绘出总平面布置图。

②场地四界的场地建筑坐标（或标注尺寸）。

③各管线的平面布置，注明各管线与建筑物、构筑物之间的距离尺寸和各管线之间的间距尺寸。

④场外管线接入点的位置及其城市和场地建筑坐标。

⑤指北针。

⑥当管线布置涉及的设备专业少于 3 个时，在总平面布置蓝图上绘制草图，不正式出图；当涉及 3 个或 3 个以上设备专业时，对干管干线进行平面综合，须正式出图。在管线交叉密集的地点应适当增加断面图，标明管线与建筑物、构筑物、绿化之间以及各管线之间的

距离，并注明管道和地沟等的设计标高和埋置深度。地下电缆应加水泥槽板和盖板，并注明型号和埋置深度。

⑦给、排分列，附计算资料。

⑧说明栏。说明栏内容包括尺寸单位、比例、补充图例和设计人员姓名。

（6）绿化布置图应详细标明以下内容。

①绘出总平面布置图。

②场地四界的场地建筑坐标（或标注尺寸）。

③植物种类和名称，行距和株距尺寸，群栽位置范围，与建筑物、构筑物、道路或地上管线的距离尺寸，各类植物数量（列表或旁注）。

④指北针。

⑤植物材料表。植物材料表内容包括植物名称、规格、形态要求、数量、种植条件和养护要点等。

⑥说明栏。说明栏内容包括尺寸单位、比例、图例、施工要求和设计人员姓名等。

（7）灯具布置图。

（8）室外小品布置图。

（9）节点详图。节点详图包括道路标准横断面图、小桥涵、挡土墙、护坡和建筑小品等。

3）竣工图阶段

竣工图分为两种：一种是实际施工的时候完全按照施工图来实施，施工图等于竣工图；另外一种是实际施工时按照实际情况做出一定改变，需要绘制竣工图。例如，土方开挖的时候，施工单位出一张图纸，但是实际施工的时候可能个别地方会有变化，这时候就要出竣工图了。竣工图的修正、绘制以完工后的施工过程为准，一般相比施工图只有一些细节上的变化。不过竣工图要如实地反映出施工工程实况，工程结算的时候，要以竣工图为准。

（1）竣工图编制的有关规定。

竣工图是真实、准确、完整地反映和记录各种地下和地上建筑物、构筑物等详细情况的技术文件，是工程竣工验收、投产或交付使用后进行维修、扩建、改建的依据，是生产（使用）单位必须长期妥善保存和进行竣工备案的重要工程档案资料。竣工图的编制应按国家有关规定进行。

国家档案局、国家计委印发的《基本建设项目档案资料管理暂行规定》第十二条规定：“竣工图是工程的实际反映，是工程的重要档案，工程承发包合同或施工协议中要根据国家对编制竣工图的要求，对竣工图的编制、整理、审核、交接、验收做出规定，施工单位不按时提交合格竣工图的，不算完成施工任务，并应承担责任。”

（2）竣工图编制的基本要求。

①原施工图没有变更、变动的，由承包人（包括总包和分包）在原施工图上加盖“竣工图”章后，即可作为竣工图。在施工中，虽有一般性设计变更，但能将原施工图加以修改补充作为竣工图的，可不再重新绘制，由承包人负责在原施工图（必须是新蓝图）上注明修改的部分，并附设计变更通知单和施工说明，加盖“竣工图”章后，即可作为竣工图。

②结构形式改变、工艺改变、平面布置改变、项目改变以及其他重大改变，不宜在原施工图上修改补充的，应重新绘制竣工图。由于设计原因造成改变的，应由设计人负责重新绘制

竣工图；由于施工原因造成改变的，应由承包人负责重新绘制竣工图；由于其他原因造成改变的，应由发包人（或监理人）自行绘制或委托设计人绘制竣工图。承包人在新图上加盖"竣工图"章，并附相关记录和说明，即可作为竣工图。重大的改建、扩建工程涉及原有工程项目变更时，应将相关项目的竣工图资料统一整理归档，并在原案卷内增补必要的说明。

③各种建设工程的隐蔽工程都应绘制竣工图。各种竣工图的绘制，应在施工过程中着手准备，由项目技术负责人和现场施工管理人员负总责，在施工中做好隐蔽工程检查验收记录，整理好设计变更文件，确保竣工图的编制质量。在编制竣工图前，应对工程的全部变更文件逐一进行审查核对，并分别盖上"已执行"或"未执行"章。如整份变更文件已执行，则在该变更文件标题处盖"已执行"章；未执行则盖"未执行"章。如一份变更文件中有部分条款未执行，则分别在已执行或未执行条款的条号处盖"已执行"或"未执行"章。

④竣工图必须与实际情况和竣工资料相符，要保证图纸质量，做到规格统一，图面整洁，字迹清楚，不得用圆珠笔或其他易褪色的墨水绘制，并要经项目技术负责人审核签认。按照现行《建设工程监理规范》的规定，竣工图还要提交监理人审查签认，作为竣工资料备案方为有效。竣工图一般不得少于两套，有特殊要求的，如全国性特别重要的项目等，按约定或规定，可另增加一套，并按规定的初步验收和竣工验收程序移交，作为工程档案长期保存。竣工图章的内容和规格尺寸，应符合国家和地方档案主管部门或备案部门的规定。"已执行"和"未执行"章式样，已有规定的应按规定办理。

（3）竣工图绘制注意事项。

①竣工图最好由计算机绘制，宜用激光打印机打印，特殊图纸可晒成蓝图或用档案管理部门认可的其他方法进行复制。

②图纸格式必须符合要求，如图纸的规格大小、标准图框、尺寸等。竣工图中的线条粗细宜早拟定，特别是不同人绘制同一册图纸，应保持同册竣工图风格一致、整洁、美观。

③竣工图应将设计通用标准图中不需要的部分去掉。

④图纸工程量表及有关尺寸标注应与工程计量支付的工程量一致，即通过标注的尺寸计算与工程量表中的数据相一致，非计量的工程量应与现场实际工程量一致，监理处应重点复核尺寸标注和工程量。

⑤图框上的所有签名应完整，签名严禁打印，宜用手工草签（即本人的手写体）。

⑥文字说明应为完工的工程说明，即竣工说明，不能照抄原设计图的设计说明。设计说明中的一些词不能使用在竣工图说明中，如建议、宜、必须、拟等。竣工图说明应充分体现已完工程的施工过程。

⑦竣工图纸完整、无遗漏，注意页码的连续性。

⑧竣工图绘制完成后须经过内部审查，并在计量前交付监理处审查，根据监理处审查或修改意见，由承包人进行修改。在监理处审查合格并签名后，同计量文件一起报送合同部和竣工文件管理组。

5. 景观设计员的职业道德

职业道德是与人们的职业活动紧密联系的符合职业特点所要求的道德准则、道德情操和道德品质的总和。景观设计员是以改善建筑环境、提高社会福利和传播社会文化为目的，具有专门和独特技能，并恪守职业精神的群体。他们对本职业的延续和发展负有责任，对造福公众负有责任，对业主、用户和整个景观设计业负有责任。

1）景观设计员总的义务

维持和提高自身的建筑艺术修养和科学知识，尊重景观设计学的集体成就；在对景观艺术和科学的追求中保证以学术为基础。景观设计员要提高职业技能，不断提高美学、教育、研究、培训和实践的标准；要推动相关行业发展，为景观设计行业做出贡献。

2）景观设计员对公众的义务

遵守法律，并全面地考虑职业活动对社会和环境的影响。景观设计员要尊重和保护自然与文化遗产；努力改善环境与提高生活质量；注意保护景观产品所有使用者的物质与文化权益；在职业活动中不以欺骗或虚假的方式推销自己；遵守法规和条例；遵守其服务国家的道德与行为规范；适当地参与公共活动，向公众解释相关专业问题。

3）景观设计员对业主的义务

诚实、自觉地执业，合理地考虑技术和标准，做出无成见和无偏见的判断；学术性和职业性的判断优先于其他任何动机。景观设计员在承接业务前应具备足以完成业主要求的经济和技术支持的能力；要在约定的合理时间内完成业务；要把工作进展及影响质量和成本的情况告知业主；要对自己提出的意见承担责任，并只从事自己技术领域内的专业工作；在接受业主委托前明确自己不能承担的工作，特别是工作范围、责任分工、限制、收费数量、收费方式和终止业务条件；对业主的事务保密；要向业主、承包商解释清楚可能产生利益冲突的问题，保证各方的合法利益和各方合同的正常实施。

4）景观设计员对职业的义务

维护职业尊严和品质，尊重他人的合法权利和利益。景观设计员要诚实、公正地从事职业活动，不应吸收已从注册名单中除名者或被公认的建筑师组织、景观设计员组织排除者为合伙人或经理，要通过行动提高职业尊严和品质。

5）景观设计员对同业（行）的义务

尊重同业，承认同业的职业期望、贡献和工作成果。景观设计员不应有种族、宗教、健康、婚姻或性别上的歧视；不能采用未经授权的设计概念，尊重知识产权；不能行贿；不能提前报价；不能以不正当的手段挖取别人已接受委托的项目；承认他人的工作成就；等等。

景观设计员的道德标准与各行业的标准是一致的。景观设计员应有强烈的社会责任感，为大众呼吁；应具有精湛的技艺，提供周到的服务；应努力提高职业尊严和品质，规范自己的行为，摒弃有损景观设计员声誉的一切旧框架。

四、工作步骤

步骤一：在学校图书馆或书店检索并借阅与景观工程分类相关的文献，包括城市公共空间景观设计、居住区景观设计、带状空间景观设计和风景区景观设计等。利用互联网查找景观工程分类与项目运营方面的资料，包括各大景观设计公司的官方网站、景观资源平台网站、各级政府主管园林景观部门的官方网站等。

步骤二：通过不同类型景观项目现场工作实践，获取景观工程分类与项目的运营知识。

步骤三：在学校图书馆或建筑书店检索与学习景观设计行业规范和相关文献。在各级政府主管园林景观部门官方网站检索查询景观设计行业规范和相关文献。

景观设计员应当遵循的政策法规见表 1-2,行业规范和标准见表 1-3。

表 1-2 景观设计员应当遵循的政策法规

法规名称	施行/修正/修订年份
《中华人民共和国建筑法》	2019 年修正
《中华人民共和国城市房地产管理法》	2019 年修正
《中华人民共和国城乡规划法》	2019 年修正
《建设部城市规划编制办法》	2006 年施行
《中华人民共和国招投标法》	2000 年施行
《中华人民共和国土地管理法》	2019 年修正
《中华人民共和国民法典》	2021 年施行
《中华人民共和国环境保护法》	2014 年修订
《中华人民共和国水法》	2016 年修正
《城市道路管理条例》	2019 年修订
《城市绿化条例》	2017 年修订
《风景名胜区条例》	2006 年施行
《城市市容和环境卫生管理条例》	2017 年修订
《中华人民共和国文物保护法》	2017 年修正
地方历史建筑保护管理办法	—
地方文化风貌管理办法	—
城市建设档案管理规定	2019 年修订
……	—

表 1-3 景观设计员应当遵循的行业规范和标准

分类	规范/标准名称	标准号
规划设计类	《城市居住区规划设计标准》	GB 50180—2018
	《公园设计规范》	GB 51192—2016
	《风景名胜区总体规划标准》	GB/T 50298—2018
	《城市道路绿化设计标准》	CJJ/T 75—2023
	《城乡建设用地竖向规划规范》	GJJ 83—2016
	《城市绿地设计规范》(2016 年版)	GB 50420—2007
	《无障碍设计规范》	GB 50763—2012
	《城市绿地分类标准》	CJJ/T 85—2017
	《公路环境保护设计规范》	JTG B04—2010
	《石油化工厂区绿化设计规范》	SH/T 3008—2017
	《森林公园总体设计规范》	LY/T 5132—1995

续表

分类	规范/标准名称	标准号
规划设计类	《居住区环境景观设计导则》（2006 正式版）	—
	《城市湿地公园规划设计导则》	—
	《屋顶绿化规范》	DB11/T 281—2005
	《城市绿地系统规划编制纲要（试行）》（建城〔2002〕240 号）	—
建筑类	《民用通用规范》	GB 55031—2022
	《住宅建筑规范》	GB 50368—2005
	《园林规划工程项目规范》	GB 55014—2021
	《园林古建工程技术操作规程》	—
消防类	《建筑防火通用规范》	GB 50037—2022
绿化类	《园林绿化工程施工及验收规范》	CJJ 82—2012
	《城市园林绿化企业资质标准》（建城〔1995〕383 号）	—
	《城市古树名木保护管理办法》（建城〔2000〕192 号）	—
	《园林绿化木本苗》	CJ/T 24—2018
其他类	《景观工程设计制图规范》（施工图分册）	—
	《风景园林制图标准》	CJJ/T 67—2015
	《园林绿化工程竣工图编制规范》	DB11/T 989—2022

步骤四：对照各类图纸规范对所作景观项目的设计文件进行规范与技术审查。做到既满足图纸规范要求，又具有围绕设计主题的形式美创新特征。

步骤五：持续学习景观设计员的职业道德规范，在学习和工作中恪守景观设计员的职业道德。

五、考核标准

能够掌握景观工程分类与项目运营知识，掌握景观设计行业规范，掌握景观设计文件规范与技术要求，遵守景观设计员的职业道德。

六、任务模拟练习题

登录某景观设计公司官网，查找一个最近完成的景观项目案例，准确描述其景观工程分类和项目运营流程。试着思考该方案运用了哪些景观设计行业规范，这些规范在哪里能找到。并尝试思考在这个景观设计项目中景观设计员需要遵守哪些职业道德。

任务二：景观设计接待与咨询

工作活动 1：景观设计业务接待

一、工作内容

运用得体的礼仪进行景观设计接待，掌握景观设计接待的沟通技巧，掌握景观设计接待记录的方法。

二、工作活动综合素质要求

了解景观设计员接待的基本要求，掌握景观设计的相关知识，掌握景观设计业务接待的相关特性，能够按要求做好接待工作。

三、工作中用到的知识点

1. 景观设计员接待要求

1）景观设计员接待礼仪要求

“迎来送往”是社会交往接待活动中最基本的形式和重要环节，也是体现景观设计员礼仪素养的重要方面。尤其迎接，它是能给客户留下良好的第一印象的最重要的工作。只有给客户留下良好的第一印象，才能为下一步深入接触打下基础。景观设计员接待中的礼仪如图 2-1 所示。

图 2-1　景观设计员接待中的礼仪

迎接客户要有合理的部署，应注意以下事项。

（1）对前来访问、洽谈业务的客户，尽量安排与客户身份、职务相当的人员前去迎接。若因某种原因，相应的负责人不能前往，则前去迎接的景观设计员应向客户礼貌地做出解释，并明确告诉客户负责人到往何处，以及何时回本单位，请客户留下电话、地址，同时明确下次是客户再次来我单位，还是我方到客户单位去。

（2）见到客户后，应先问候，如“一路辛苦了”“欢迎您来到我们公司”等；然后向对方做自我介绍，如果有名片，可送予对方。送名片的礼仪如下。

①当与长者、尊者交换名片时，双手递上，身体可微微前倾，说一句“请多关照”。想得到对方名片时，可以用请求的口吻询问：“如果您方便的话，能否留张名片给我？”

②接名片时，双手接过名片后，应仔细地看一遍，不要不看就放入口袋，也不要顺手往桌上扔。

（3）接待人员带领客户去往目的地的过程中，应该使用正确的引导方法和引导姿势。

①在走廊的引导方法。接待人员走在客户两三步之前，配合步调，让客户走在内侧。

②走楼梯的引导方法。上楼时，应该让客户走在前面，接待人员走在后面；下楼时，应该接待人员走在前面，客户走在后面；上下楼梯时，接待人员应该注意客户的安全。

③乘电梯的引导方法。引导客户乘坐电梯时，接待人员应先进入电梯，等客户进入电梯后关闭电梯门；到达时，接待人员按“开”按钮，请客户先走出电梯。

④在客厅的引导方法。客户走入客厅后，接待人员请客户坐下，待客户坐下后，接待人员才能行点头礼后离开。如客户错坐下座，应请客户改坐上座（一般靠近门的一侧为下座）。

（4）诚心诚意地奉茶。在我国，习惯以茶水招待客人，在招待尊贵客户时，应选择较高档的茶和茶具，以正确的方法冲泡，并诚心奉茶。

2）景观设计员素质要求

（1）专业。具有专业综合知识和创新能力，能把握景观设计的社会价值与经济成本控制。

（2）勤奋。具有刻苦学习的精神，充分了解与景观设计相关的知识体系。

（3）创新。设计理念不断向纵向、横向发展，个案设计手法多变，能体现现代、传统、自然、中西合璧等多种风格。

（4）职业。理念是思维的起源，手法是表现的工具，景观设计员应具有敬业精神，用心创造每一个新景观。不是说投入高的作品就是好的作品，关键是要达到令人满意的设计效果，要有从方案设计到施工全过程考虑的全局观，应秉持“细节就是上帝”的态度，对每一个细节都不放过并善于处理现场的技术难点。

（5）可信。对客户而言，若要其接受一家新的公司或市场知名度不高的公司，就要求景观设计员发挥专长能够从各方面配合客户。而客户乐于接受景观设计员多是出于对他的信任。景观设计接待与咨询如图2-2所示。

图2-2 景观设计接待与咨询

3）景观设计员洽谈技巧及注意事项

首先，景观设计员的自身形象非常重要。一个受过良好教育、有一定艺术修养的景观设计员，其优雅的仪表和得体的语言代表着公司的形象。在现实的谈判交易过程中，同一个公司的不同景观设计员采取相同的技巧，所得到的客户评价可能截然不同，通常这种差异的形成源于景观设计员本身。优秀的景观设计员在与客户沟通的过程中会给客户留下较好的印象，得到较高的评价；能力欠缺的景观设计员在与客户沟通的过程中会给客户造成许多误解，使客户对景观设计员，甚至对公司失去信心。客户通过与景观设计员进行交谈而了解公司，不论景观设计员的职务高低，其都代表着公司的形象。景观设计员形象与工作状态如图2-3和图2-4所示。

图 2-3 景观设计员形象

图 2-4 景观设计员工作状态

其次,所有景观设计员都要学会自我推荐。大多数景观设计员在谈判时会从公司的情况谈起,有一点必须谨记:在介绍公司的同时必须进行自我推荐(自我推荐的过程就是做广告的过程)。在实际谈判中客户最关心的是价格、工程质量(施工的过程也是做广告的过程),以及后期服务,所以要让客户进一步了解景观设计员自身的能力和公司的运作方针。

日常工作中,景观设计员应避免衣衫不整,精神不振,也应避免过度修饰,防止因与景观设计员的气质和形象不符,而给客户留下不好的第一印象;要主动创造良好的交谈气氛。

合理的表达方式会增加景观设计员所表达的内容的说服力,因此在与客户交谈时需要音量适中,避免使用口头禅,避免语速过慢或过快,避免口齿不清,切忌夸夸其谈、口若悬河。

交谈中要善于倾听,让客户充分表达其想法,这不仅有助于景观设计员获取更多的信息,了解客户的真实想法,而且有助于景观设计员与客户建立相互信任的关系。交谈中景观设计员应以轻松自如的心态进行表达,过于紧张会削弱说服力。

4)景观设计员接待业务要求

为顺利完成接待工作,景观设计员应满足以下三个基本要求。

(1)景观设计员在接待过程中,应充分展示本单位的优秀企业形象。设计任务的签约双方应该是企业或单位。景观设计员在接待中应展示设计单位的服务范围、行业内口碑,这是促进合作取得良好进展的基础。

(2)展示景观设计员良好的技术素质。景观设计员的个人魅力和修养是促成业务接待成功的关键,要充分展示景观设计员优异的业务水平和良好的沟通能力。

(3)景观设计员在接待过程中要展示诚恳的服务态度。景观设计行业是新型的现代服务业,景观设计员必须拥有良好的服务态度。同时,景观建设是一项“量身定做”的工作,需要经过很长时间才能完成,在这个过程中,要保持诚恳踏实的服务心态,以使客户得到良好的专业技术服务。

2. 景观设计业务接待的特性

1)景观设计业务接待的准确性

景观设计业务接待的准确性体现在两方面。一方面,需要客观搜集客户需求,准确记录设计业务的性质、要求、限制等因素,由于客户对项目往往寄予许多希望,其需求通常是零碎而多元化的。因此,在景观设计业务接待中,景观设计员需准确把握设计要求,客观整理客户的需求。另一方面,景观设计业务接待的准确性体现在与客户的良好沟通过程中,这也是景观设计员良好技术素质的体现。景观设计员应能准确回答客户在技术、法规、政策、造价等方面的若干问题。

2)景观设计业务接待的针对性

景观设计业务接待的针对性,是指根据设计项目所处的不同时期,接待可分为设计前期接待、设计委托接待、设计咨询接待。不同时期的设计业务接待具有不同的要求,如:设计前期接待需要把握客户心理,能够完成设计前期与客户的沟通;设计委托时期的业务接待则需要充分表达设计意图。

3）景观设计业务接待的技术性

景观设计是专业技术服务工作，设计业务接待工作围绕景观设计项目展开。技术咨询是接待中的重要环节。在设计业务接待前期，景观设计员需了解技术性接待的以下内容。

（1）景观设计项目的名称和范围。

（2）投资需求和基本目标。

（3）景观设计项目的投资者及其合法地位。

（4）景观设计项目的批准文件和规划审查文件。

（5）相关的咨询内容。

（6）已具备的技术资料。

（7）咨询工作的允许时限。

四、工作步骤

步骤一：分析客户需求。

客户可以分成两种类型：如果是政府工程，需要特别关注这一时期的政要讲话和城市建设的档案资料；如果是其他投资商，则需要关注他们的开发经历和对同类项目的分析与比较。

步骤二：获取项目信息。

获取项目信息的主要途径如下。

（1）从自身客户群及关系网中获取信息。

（2）通过业内各大相关网站进行信息检索。

（3）从业内人员处获得相关项目信息。

（4）从相关行业从业人员处获得项目信息。

（5）通过相关招标信息网获取项目信息。

获取项目信息后，应对信息进行初步分析，并结合自身的实力和综合能力对项目的可参与性进行初步评估，选取最符合自身条件的项目。

步骤三：与客户初步接触与沟通。

第一次洽谈时双方会面的第一印象很重要，需要充分准备以下材料。

（1）能展现公司实力的样本画册。

（2）主要代表作品（设计作品和工程照片）或获奖成果的图片。

（3）参考资料（专业书籍和法规资料）。

（4）记录本、业务洽谈记录单，以及工程资料调研与搜集表。

（5）设计草图纸和工具。

（6）笔记本电脑（内存上述资料）。

（7）预算纸等。

步骤四：了解并记录客户的基本需求和交流意见，带回现状平面图和相关资料。

步骤五：整理接待纪要。

五、考核标准

掌握景观设计接待的礼仪，掌握景观设计接待的沟通技巧，掌握景观设计接待记录的方法。

六、任务模拟练习题

分组进行角色扮演，完成景观设计员接待情景练习，并进行小组讨论，分析总结景观设计业务接待中容易出现的问题。

工作活动 2：景观设计业务咨询

一、工作内容

运用良好的交流沟通能力、信息速记能力和设计咨询信息分析归档能力提供景观设计业务咨询服务。需要掌握项目设计档案的知识，掌握景观工程基本估价和统计的相关知识，掌握有效记录客户要求的方法，能够对景观设计项目进行分类。

二、工作活动综合素质要求

具备良好的交流沟通能力，具备一定的信息速记能力，具备设计咨询信息分析归档能力，具备景观工程基本估价能力。

三、工作中用到的知识点

1. 景观设计咨询记录要点（设计咨询的技术性接待）

景观设计服务是专业技术服务，整个设计咨询工作都围绕景观设计项目而展开。在前期的接待过程中应详细了解以下 7 项内容：

（1）景观设计项目的名称和范围；

（2）投资需求或基本目标；

（3）项目的投资者及其合法地位；

（4）项目的批准文件和规划审查文件；

（5）咨询的内容；

（6）已具备的技术资料；

（7）咨询工作的允许时限。

了解以上内容是进行设计咨询的基础。资料越详尽，设计咨询就越能够顺利进行。但是，通常情况下，以上工作资料是很难一次性掌握的，需要与当事人反复沟通才能完成。

2. 景观设计咨询纪要单编制技巧

1)记录客户需求的方式

记录客户需求的方式主要为笔录和计算机速记,前者较为简便,后者则需要景观设计员具备速记技能。另外可根据具体情况在得到客户的许可后,采用录音的方式记录客户需求,以便进一步归纳整理。

2)整理咨询纪要

景观设计员需在每次业务咨询前,根据接待内容编制咨询纪要空白表格;在咨询结束后,快速整理当次咨询内容,并请客户阅读,待客户认可后双方签字。景观设计员应如实记录会议内容。咨询纪要见表 2-1。

表 2-1 咨询纪要

记录编号:

会议名称	“×× 项目”讨论会		
会议时间		会议地点	
与会人员	出席:×× 公司刘 ××、秦 ××、毛 ××,×× 公司王 ××、陈 ×× 缺席:张 ××(出差)、凌 ××(请假)		
主持人	陈 ××	记录人员	陈 ××
执行情况验证责任人/部门	陈 ××/设计部		
会议主要内容			
一、客户意见			
序号	意见	完成时间	责任人
1			
2			
3			
二、实施安排			
1			
2			
	咨询纪要		

3. 景观项目设计档案

景观项目设计档案管理应遵循 2011 年由国家档案局发布的《档案管理软件功能要求暂行规定》。项目设计档案管理主要指从接受任务当日起至项目竣工后和后期回访项目的整个过程中,所有与项目相关的资料的搜集、分类、整理和保存工作。

项目设计档案的分类:

从文件的存在形式,可分为电子档案和纸面档案;

从文件的来源方式,可分为输入文件和输出文件;

从文件的性质,可分为设计文件和往来文件。

档案分类是一种较为复杂且科学的管理方式,有时可几种方式同时使用。景观设计员可按照所在单位的管理方式建立项目设计档案夹，分类并按日期进行全过程档案管理工作。

4. 景观设计咨询礼仪

任何一项景观设计任务的接洽都是从业务咨询开始的。因为景观建设是一项社会活动，需要多方面的专业人士参与；也是一项投资活动，需要经过多方面的比较和遴选。因此，业务咨询是非常必要的工作。

作为景观建设的投资方，必然要考察设计单位的资历，甚至细微到为其服务的设计人员的素质。其中，最重要的是设计人员的专业技术服务水平。因此，做好设计咨询的技术性接待工作是至关重要的。

作为景观设计员，在业务咨询或考察过程中，应该具备以下职业道德品质。

（1）展示设计单位的优秀形象。设计任务的签约双方应该是企业或单位。展示设计单位的服务范围、服务等级和社会地位，是推进业务咨询取得良好进展的基础。

（2）展示设计人员的良好技术素质。设计业务咨询是通过设计人员的智力服务来完成的。其良好的个人修养是促成业务咨询的关键。展示设计人员的技术业务水平和良好的沟通能力，既能使投资方的理想目标得到实现，也能使设计人员的构思得到实现。设计人员日常学习如图 2-5 所示。

图 2-5　设计人员日常学习

（3）展示设计人员诚恳的服务态度。景观设计行业是新型的现代服务业，景观设计员必须拥有良好的服务态度。同时，景观建设是一项“量身定做”的工作，需要经过很长时间才能完成。在这个过程中，信誉是极其重要的，保持诚恳踏实的服务态度以使投资方得到良好的专业技术服务。设计人员汇报方案如图 2-6 所示。

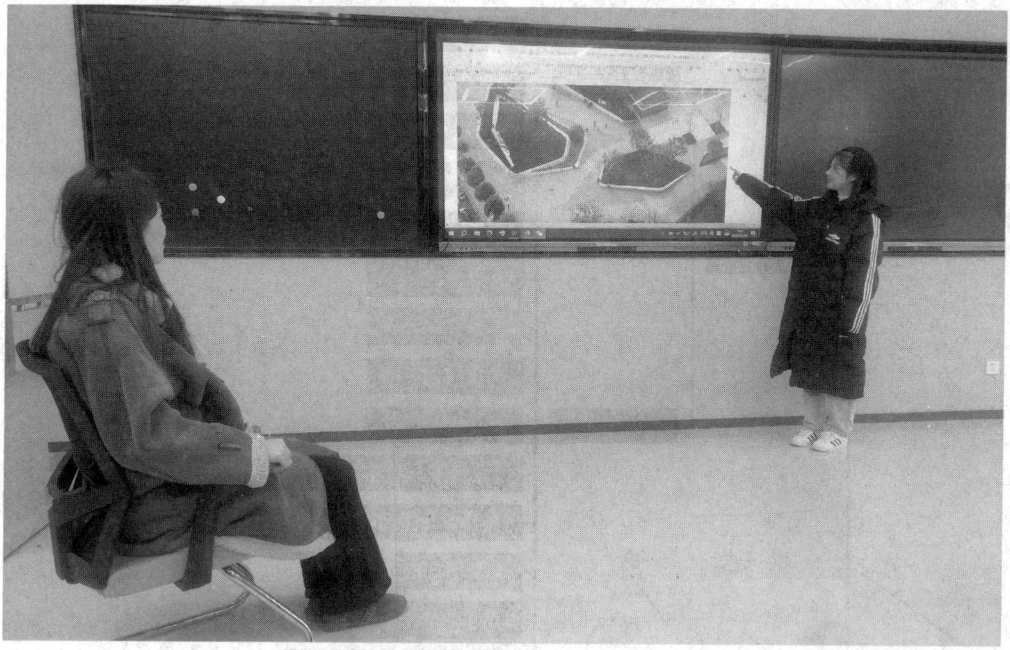

图 2-6 设计人员汇报方案

5. 景观工程造价基本知识

1）景观工程基本估价的意义

在了解了景观工程的特性和分类的情况下，需要进一步了解景观工程的造价及其成本分布情况，为下一阶段的工作提供依据和参考。例如，如果景观工程主要以绿化为主，以硬质景观为辅，则在设计过程中，应将重点工作放在绿化上，并兼顾考虑成本的侧重分摊。景观工程基本估价决定设计的方向、难易程度、设计服务收费依据和工程的品质要求。

2）景观工程基本估价的分类

在设计初期，基本估价主要分为：景观工程总造价和单方造价、硬质景观总造价和单方造价、绿化工程总造价和单方造价。

（1）景观工程总造价指工程建设的总投资。通过景观工程总造价，可大致了解项目的规模和品质要求。

（2）景观工程单方造价指单位景观面积的建设费用。

（3）硬质景观总造价一般指除绿化工程以外的景观土建、水电、结构等工程建设的总费用。

（4）硬质景观单方造价指单位硬质景观面积的建设费用。

（5）绿化工程总造价一般指绿化和绿化土方工程建设的总费用。

（6）绿化工程单方造价指单位绿化面积的建设费用。

3）景观工程造价组成

景观工程造价由直接费、间接费、利润和税金组成，如图 2-7 所示。

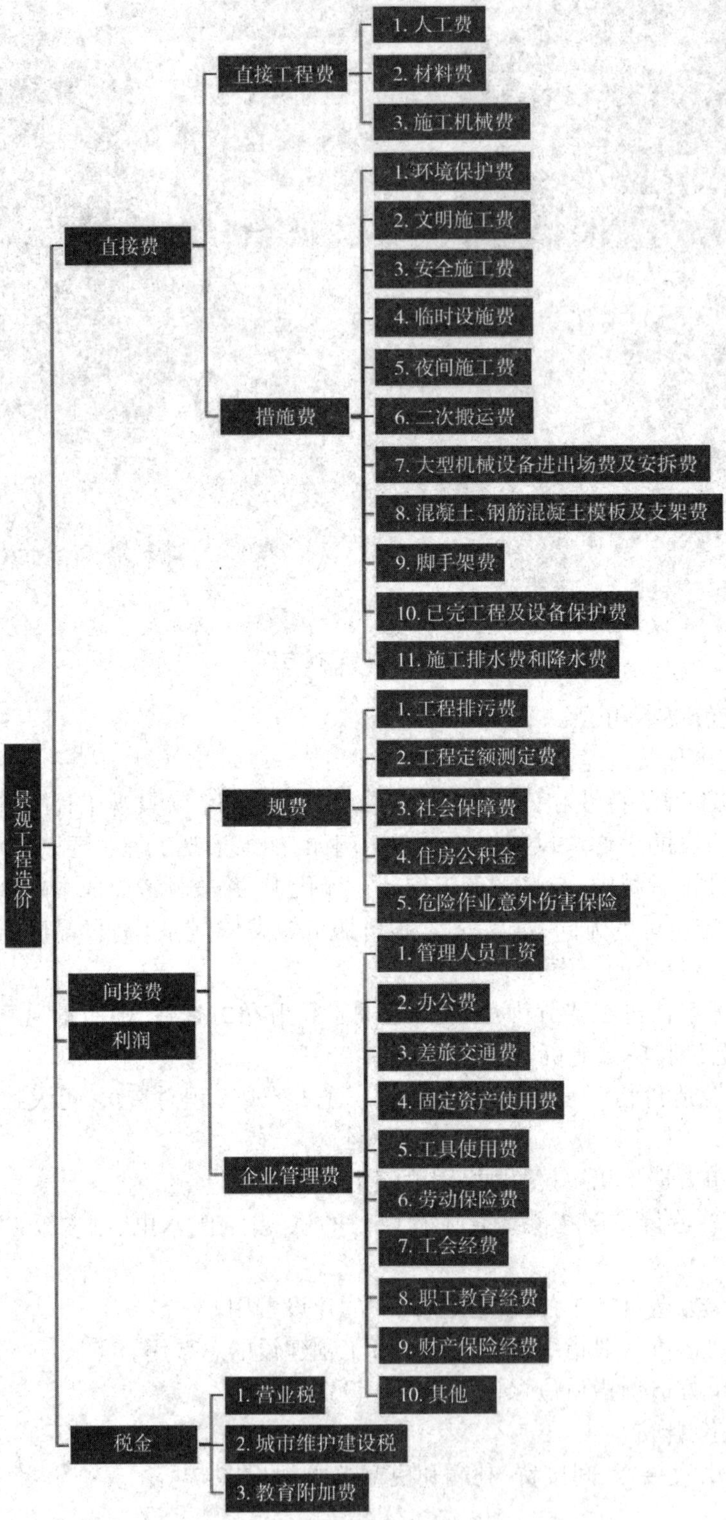

图 2-7 景观工程造价组成

（1）直接费。直接费由直接工程费和措施费组成。

①直接工程费，是指施工过程中耗费的构成工程实体的各项费用，包括人工费、材料费、施工机械费。

a. 人工费，是指支付给直接从事工程施工的生产工人的各项费用，包括基本工资、工资性补贴、生产工人辅助工资、职工福利费、生产工人劳动保护费等。

b. 材料费，是指施工过程中耗费的构成工程实体的原材料、辅助材料、构配件、零件、半成品的费用，包括材料原价（或供应价）、材料运杂费、运输损耗费、采购及保管费、检验试验费等。

c. 施工机械费，是指施工机械作业所发生的机械使用费以及机械安装、拆除和场外运费，包括折旧费、大修费、经常修理费、安拆费及场外运费、人工费、燃料动力费、养路费及车船使用税等。

②措施费，是指为完成工程项目施工，发生于该工程施工前和施工过程中非工程实体项目的费用，包括环境保护费、文明施工费、安全施工费、临时设施费、夜间施工费、二次搬运费、大型机械设备进出场费及安拆费，以及混凝土、钢筋混凝土模板及支架费、脚手架费、已完工程及设备保护费、施工排水费和降水费等。

（2）间接费。间接费由规费和企业管理费组成。

①规费，指政府和有关权力部门规定必须缴纳的费用，包括工程排污费、工程定额测定费、社会保障费、住房公积金、危险作业意外伤害保险等。

②企业管理费，指施工企业组织施工生产和经营管理所需的费用，包括管理人员工资、办公费、差旅交通费、固定资产使用费、工具使用费、劳动保险费、工会经费、职工教育经费、财产保险费、其他。

（3）利润。利润是指施工企业完成所承包工程获得的赢利。

（4）税金。税金是指国家税法规定的应计入工程造价内的营业税、城市维护建设税和教育附加费等。

四、工作步骤

步骤一：记录项目名称。如项目为“某别墅花园景观设计”。

步骤二：记录项目内容、范围和要求。如别墅花园景观设计包括庭院功能划分、景观设施、植物种植，需要满足客户对安静、休憩、自然氛围的需求；别墅建筑风格为欧式三层建筑，本设计项目的设计范围为住宅庭院，面积约为 100 m^2。

步骤三：进行有效沟通，了解客户特点，如果有项目任务书，则需要详细阅读项目任务书；对项目的相关影响因素进行全方位的记录。

步骤四：记录相关经济技术指标要求。例如“绿地率为 35%，项目内 6 000 m^2 的商业区、3 000 m^2 的幼儿园、红线外 1 000 m^2 的市政绿地属委托范围内”等相关经济技术指标。

步骤五：记录约谈中关于成本建议的内容。例如，以平方米为单位的景观成本控制要求“建议综合景观建设成本为 500 元/ m^2（景观面积）”，或以总价控制的景观成本要求“花园造价约为 40 万元”。

步骤六：记录双方的计划约定、进度期限信息，并分析成果要求，判断设计工作的参与程度。如别墅景观花园的设计前期沟通时间为 5 天,设计方案设计周期为 30 天,方案修改时间为 15 天,并以此来确定设计工作的收费标准。

步骤七:核对、记录验收标准和方法。设计结束,由设计单位按照设计任务书要求提供相关设计的设计方案、设计图等。

五、考核标准

熟练掌握项目设计档案的范畴,熟练掌握景观工程基本估价和统计的相关知识,熟练掌握有效记录客户需求的方法,能够对一般项目进行分类。

六、任务模拟练习题

分组进行角色扮演,以本书任务一中工作活动 2 后面的景观设计任务书为项目参照信息,完成景观设计业务接待与咨询情景练习,并进行小组讨论,分析总结出景观设计业务接待与咨询中容易出现的问题。

任务三:景观设计项目任务书解读与现场勘察

工作活动1:景观设计项目任务书解读

一、工作内容

充分运用景观设计能力及相关基础理论知识解读景观设计项目任务书。理解景观设计项目任务书概念,分析景观设计项目任务书内容,准确获取景观项目设计的目标依据。

二、工作活动综合素质要求

具备初步景观设计的能力,掌握景观设计相关基础理论知识,具备理解景观设计项目任务书的能力,具备分析景观设计项目任务书中经济技术指标的能力,掌握从景观设计项目任务书中获取设计目标依据的技巧。

三、工作中用到的知识点

1. 景观工程项目招标文件中的设计要求

招标文件中的设计要求相当于设计任务书，但不限于设计任务书，还包括对投标技术文件的内容划定、格式限制和包装要求等。这些限制和要求是为了使投标文件内容统一、格式整齐，有利于招投标活动公正、公平原则的落实。

（1）设计内容。招标文件对设计内容有详尽的要求，要求表述明确，技术经济指标清楚。景观设计员应严格按照标书中的设计目的和技术指标进行计算。投标文件的严肃性决定了方案的不可逆性。因此，反复检查设计构思是否满足标书要求，设计数据是否符合技术经济指标是很必要的。

（2）设计内容表达。设计内容表达要清晰、简洁，切忌以厚取胜、以多取胜的侥幸心理。投标文件评审时间较短，评审专家难以仔细琢磨，因此设计内容表达简洁明了也是取得成功的有效手段。景观设计中的设计内容表达如图 3-1~图 3-5 所示。

图 3-1　设计理念效果图表达

图 3-2　功能区表达

图 3-3　特殊设计表达

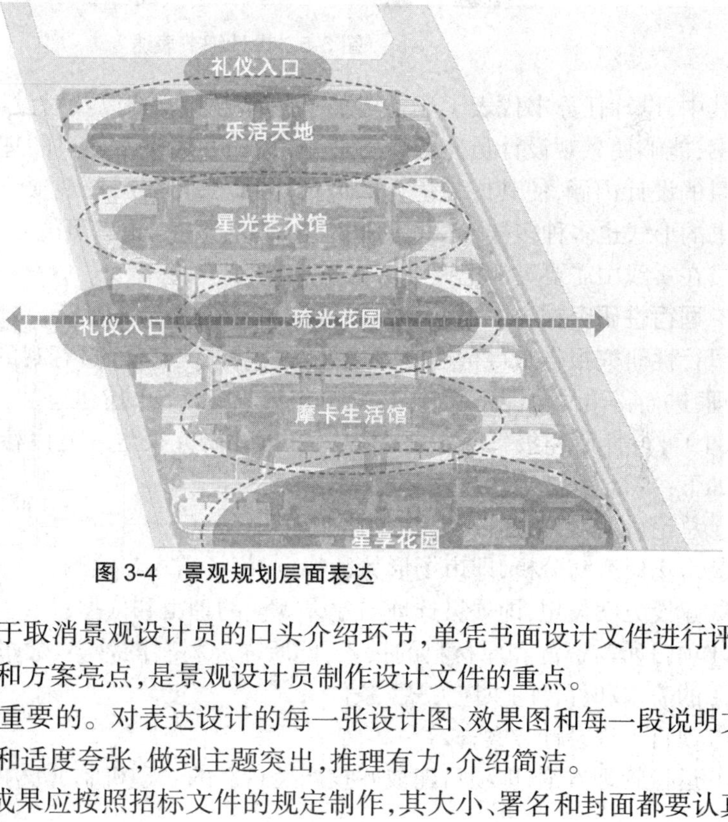

图 3-4　景观规划层面表达

由于招投标工作趋向于取消景观设计员的口头介绍环节，单凭书面设计文件进行评审，因此明确地表达设计构思和方案亮点，是景观设计员制作设计文件的重点。

成功的包装也是至关重要的。对表达设计的每一张设计图、效果图和每一段说明文字都要进行推敲、比较、取舍和适度夸张，做到主题突出，推理有力，介绍简洁。

（3）设计成果。设计成果应按照招标文件的规定制作，其大小、署名和封面都要认真处理，并盖以“正本”和“副本”章。

2. 设计任务书是景观设计的依据

景观工程项目的设计依据包括以下三个方面。

（1）政府方面：政府主管部门的批准文件和核准许可书。

（2）业主方面：设计任务书和阶段性设计指导书（或业主审查意见）。

（3）行业管理方面：现行的国家法律、法规和行业规范标准及行业审查意见书。

图 3-5　设计细节表达

其中，设计任务书代表了业主对项目的理解和要求以及对设计成果的规定。解读设计任务书，能够使景观设计员充分理解业主需求，并通过对项目的理解和设计再创造，提升景观项目的设计内涵，使其成为优秀的设计作品。另外，因景观项目的规模和性质不同，设计任务书的形式也多种多样，有可能是业主的口头要求，也有可能是不确定的参考案例。景观设计员在实践中需要灵活把握。

3. 可行性研究报告

可行性研究报告是可行性研究成果的真实反映，是经过客观的总结、认真的分析和科学的推理，进而得出尽可能正确的结论，以作为投资活动的依据。

(1)可行性研究报告的主要内容。可行性研究报告一般由咨询机构负责撰写，其主要内容如下：

①总论，即项目概述(况)和工作范围；

②市场研究与分析，即市场形势和特点、市场需求与预测；

③建设方案设想，即项目选址与建设规模的理由和依据；

④项目所需资源和原材料的投入，即所需原材料的种类、数量、质量标准以及水、电、气等资源的需求和可行的供应方式(条件)；

⑤项目工程设计方案；

⑥运行管理方案，即项目建成并投产运行后的管理机制、机构设置和所需人员和费用的估算；

⑦项目实施计划。

(2)可行性研究报告的深度要求：

①内容全面，结论明确，数据准确，论据充分，满足要求；

②确定的位置、规模、范围满足建设用地征用要求；

③重要设计方案应有两个以上备选方案；

④设计方案应满足初步设计依据的主要要求；

⑤投资估算能满足投资控制准确度要求；

⑥反映在可行性研究中的某些方案重大分歧和未被采纳的理由；

⑦应附有评估、决策审批所必需的合同、协议、意向书、政府批件等。

四、工作步骤

步骤一：理解景观设计任务书概念。设计任务书代表了业主对项目的理解和要求以及对设计成果的规定。在现实景观设计项目中任务书的具体表现形式也不一样，有的是在沟通中的口头要求，有的是具体的参考案例。然而，正式的设计任务书是一项技术文件，需要由专业人员进行编制。

步骤二：明确设计范围。这里具体指地理范围，包括面积、边界、邻里环境和外部环境。通常会有基地红线，表示基地的区域位置以及和周边环境的关系。

步骤三：熟悉基地状况。对基地内的地理地貌、建筑物、构筑物和植被所提出的保护、保留和拆除要求进行分析，其中未在设计任务书中描述的部分要进行补充。此步骤应尽量结合现场勘察进行。

步骤四：明确设计目的和任务。仔细解读设计任务书对项目建设的总体描述，重点分析项目所属规划部门的要求和建设单位的需求。

步骤五：准确把握经济技术指标，主要包括上级主管部门批准的各项经济技术指标要求，如基地面积、绿化覆盖率、建筑覆盖率、水域面积和道路广场面积要求等，以便后期景观设计的内容满足这些框架要求。

步骤六：明确设计限制条件，如古树名木保护、文物保护、防汛保护、市政设施保护区、建筑物边沿控制线和建设限制高度等。

步骤七：准确领会设计指导原则。大型景观项目设计任务书的基本内容中都包含设计指导原则、规划指导原则、经济指导原则、生态指导原则和其他专项指导原则。在进行景观设计之前要准确领会这些设计指导原则，防止设计偏离正确方向。

步骤八：认真解读其他具体要求，需要对其概括整理，形成系统的设计要求，以便作为设计依据的重要组成部分，从而开展景观设计工作。

五、考核标准

理解景观设计项目任务书概念，能够分析景观设计项目任务书中的经济技术指标，分析景观设计项目任务书内容，准确获取景观项目设计的目标依据。

六、任务模拟练习题

给定一份具体的景观设计项目任务书（可参照本书任务一中工作活动 2 后面的景观设计任务书），对其进行分析解读，形成分析报告，准确获取景观工程项目设计的目标依据。

工作活动 2: 景观设计项目现场勘察

一、工作内容

充分运用现场勘察与资料搜集的工作技巧对景观设计项目进行现场勘察,并对现场资料进行分析与整理。掌握现场勘察的原则,做好现场勘察的准备工作。

二、工作活动综合素质要求

掌握景观设计项目现场勘察的原则,具备做好现场勘察准备工作的能力,掌握现场勘察与资料搜集工作的技巧,具备进行现场资料分析与整理并为后期景观设计提供依据的能力。

三、工作中用到的知识点

1. 景观项目现场勘察指导原则

景观设计工作包括场地景观设计和室外空间环境创造。在接到景观工程项目设计任务后,首先要做的一项重要工作就是现场勘察。设计人员需要增加对场地的感性认识。现场勘察不是走马观花,而是一项搜集资料的过程,即准备—实地勘察—资料分析的全过程。现场勘察是有目的性的工作,必须遵循相应的指导原则。在全社会追求生态、环保的背景下,当前现场勘察的指导原则有以下几点。

(1)因地制宜。新的景观项目需要有地域、地理特点和地域文化特色。而努力挖掘场地的地理、地貌、地景,开发场地的自然景观资源,是通过现场勘察进行复核实现的。因地制宜应该是现场勘察的出发点。相关景观设计案例如图 3-6、图 3-7 所示。

图 3-6 森林公园中的房子

图 3-7　树林中的小路

(2)生态延续。优秀的景观设计追求环境的生态化,即在现场勘察中发现原有的生态环境特点,再通过设计活动,使之提升拓展。相关景观设计案例如图 3-8、图 3-9 所示。

图 3-8　自然湖泊

(3)景观资源保护。无论是自然景观资源还是人文景观资源,一旦遭到破坏,都很难恢复,这种特性通常称之为景观资源的不可逆转性。因此,现场勘察时一定要有景观资源保护意识。

(4)可持续发展理论。所有景观建设都是场地改造工程,景观设计员必须充分意识到景观设计的目的应是提升场地的景观价值,我们只是借用场地。

图 3-9　生态延续

2. 现场水文和地理常识

1）自然资源

自然资源指场地的自然资源和现存状况，如山体、水系、坡地、平地、植被、植物群落和建筑物、构筑物以及地上或地下的设备管线等。

2）景观资源

（1）自然景观资源，指自然形成的大地风景景观，如山脉、峡谷、湖泊、河流、草坡、植物等。

（2）人工景观资源，指历代人工打造的有价值、可观赏的景观，如人工耕作的油菜地、名木古树、建筑物、构筑物、运河、堤岸、道路等，如图 3-10、图 3-11 所示。

图 3-10　人工景观水系

图 3-11　千年古树

（3）人文景观资源，指因人的活动而形成的有价值的景观，如文化遗址、历史古镇、名人老宅和地域文化等，如图 3-12、图 3-13 所示。

图 3-12　文化遗址

图 3-13　古民居

（4）非固化景观资源，指不是固体状态的有价值的景观，如风、雾、雨、云、光、声等自然景象和人工景象。

3. 图纸测绘技术

（1）项目现场环境测绘的过程是对项目现场最直接的体验过程，通过对现场环境的踏勘与测绘，可以深刻地体会现场环境的空间布局、结构元素、现实问题等。同时绘制成图的过程可以促进设计人员对现场实际情况的认知，而徒手绘制草图和墨线制图的技巧和能力在这一过程中显得尤为必要。设计人员现场测绘如图 3-14 所示。

图 3-14　设计人员现场测绘

（2）掌握测绘工具的使用方法和测绘方法，全面了解测绘对象，测绘过程中忠实于原物、尺寸正确、表达准确。从整体景观环境出发，掌握总体布局及其与环境因素的有机联系。现场绘制图纸比例正确，标注清晰，表达清楚。

（3）简单的测绘工具包括电子测距仪、钢卷尺、皮尺、记录用纸、绘图笔、相机等。

4. 建筑工程制图

工程制图是景观设计的基本语言，是每个初学者必须掌握的基本技能。学习制图不仅应掌握常用制图工具的使用方法，保证制图质量，提高作图效率，还必须遵照制图规范进行制图，保证制图的规范化。园林制图可以将国家颁布的建筑制图中的有关标准，如《房屋建筑制图统一标准》（GB/T 50001—2017），作为制图的依据。

1）线条图例

虚线、点画线和双点画线的线段长度和间距应该各自相等。虚线的线段长为 4~6 mm，间距为 0.5~1.5 mm；点画线的线段长为 10~20 mm，间距为 1.0~3.0 mm，点画线的线段端点不应是点。直线的相交或相接应该明确、肯定。实线与实线应相交于一点，或者略微出头。虚线、点画线应该相交于线段的中部。直线应该沿曲线接点处切线方向与曲线相接。制图时应该先做曲线，后接直线。直线和曲线的粗细应该一致，接点应平滑。两圆或者圆弧相接时，可以先画两圆半径之和的线段，然后分别以该线段的端点为圆心作圆或者圆弧，并使相接部位线条变粗。所绘图线不应穿过文字、数字或符号。若不能避免时应该将线条断开，保证文字、数字和符号的清晰。

2）平面图、立面图和剖面图的绘制

（1）建筑中平面、立面和剖面的概念。用三面投影可以得到建筑物几个面的外观，水平投影产生的视图为建筑物的平面图，正面和侧面投影所得的视图为建筑物的立面图。立面有正立面和侧立面之分，正立面往往是建筑物的主要立面。立面也可以按照朝向分为东立面、西立面、南立面和北立面。建筑物的外观图不能完全反映建筑物，还必须加上内部平面图和剖面图来表示建筑物的内部情况。若用假设的水平面将建筑物剖切开，移去上面部分，下面部分的水平面正投影图就能反映建筑物的内部平面，该图称为建筑平面图，也可以简称为平面图。剖切的位置常选窗台以上的位置。同样，若选择一个平行于侧面的铅垂面将建筑物剖切开，移去一部分，另一部分剖切断面的正投影图就能反映建筑物的内部层次变化，该图称为建筑物的剖面图。

（2）景观设计的平面图、立面图和剖面图。景观设计通常用平面草图表达设计概念。景观手绘平面草图如图 3-15 所示。

立（剖）面图是立（剖）面的正投影所形成的视图。地形在平面图上用等高线表示，在立面图或剖面图上用地形剖断线和轮廓线表示；水面在平面图和立面图上分别用范围轮廓线和水位线表示；树则用树本面和立面表示。景观立面图如图 3-16 所示。

园景剖面图是指某园景被一假想的铅垂面剖切后，沿某一剖切方向投影所得到的视图。其中包括园林建筑和小品等剖面图，当只有地形剖面图时应该注意园景立面图和剖面图的区别，因为某些园景立面图上也可能有地形剖断线。

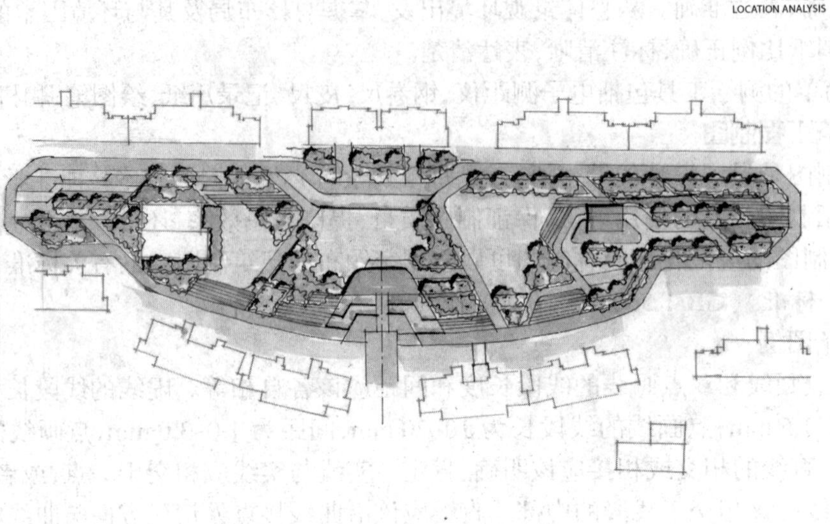

图 3-15 景观手绘平面草图

图 3-16 景观立面图

通常园景剖面图的剖切位置应在平面图上标出，且剖切位置必须处在园景图之中。在剖切位置上沿正反两个剖视方向可得到反映同一个园景的剖面图。但是，立面图沿某个方向只能作出一个。因此，当园景较复杂时，可用多个剖面图表示。

四、工作步骤

步骤一：完成实地勘察准备工作。在实地勘察之前，必须完成场地的图上作业。

（1）认真阅读搜集到的场地技术资料，在地形图上把场地的地形地貌拼集在一起，并落实资料提供的标高、地面植被、建筑物和构筑物设计限制条件，对场地有大致的了解。

（2）根据对景观设计项目任务书的解读结果，梳理项目建设与场地现状的矛盾，初步思考设计目标与理念。

（3）在地形图上标出需要改造的地方，方便勘察过程中重点观察和校对。

（4）带齐相关资料、测量工具和记录手册。

步骤二：景观设计项目现场整体勘察。进入现场整体观察，核对地形图，检查图面记录是否符合现状。核对设计范围，检查基地内的地理地貌、建筑物、构筑物和植被情况是否与任务书一致，并做好相关记录，可采用拍照、摄像和手绘草图的方式进行。

步骤三：正确使用景观设计项目现场勘察实用技巧。

（1）进行文字记录。基于前期对项目资料的了解和任务书解读结果，采用文字描述和图面记录的方式，把现场勘察情况与整体设计内容相关因素进行系统的记录整理，并依据现场条件初步思考设计对策，绘制思维草图。

（2）进行图像记录。利用手机拍摄功能或数码相机，以画面形式记录现场真实情况，并对本景观设计项目重点部位进行细节记录。

（3）现场尺寸测量与记录。依据设计范围，对场地尺寸进行测量核对。然后按比例绘制场地总平面草图，其中重点记录与原有资料尺寸不相符的部分。整体来说，现场尺寸记录需要准确、详尽、完整，包括高差和坡度等信息。

步骤四：通过对现场踏勘资料与基本地形资料的搜集整理，完成项目地形图分析。

现场地形图是最基本的地形资料，在此基础上结合实地勘察可进一步掌握现有地形的起伏与分布、整个现场的坡级分布和地形的自然排水类型。其中地形的陡缓程度和分布用坡度分析图来表示，因为地形图只能显示场地整体的起伏情况，而不能显示不同坡度地形的分布情况。地形陡缓程度的分析很重要，它能帮助确定建筑物、道路、停车场以及不同坡度要求的活动内容是否适合建于某一地形上。比如将地形按坡度大小用四种坡级（<1%、1%~4%、4%~10%、>10%）表示，并在坡度分析图上用由浅到深的单色表示坡度由小到大的变化。那么，最浅的单色表示地形坡度小于1%，说明排水是主要问题；较浅的单色表示地形坡度为1%~4%，说明几乎适合建设所有项目而不需要大动土方；较深的单色表示地形坡度为4%~10%，说明需要进行一定的地形改造才能利用；最深的单色表示地形坡度大于10%，说明不适合大规模用地，若要使用，则需要对原地形进行较大的改造，这些信息在坡度分析图上一目了然。因此，坡度分析对如何经济合理地安排用地，以及分析植被、排水类型和土壤性质等内容都有一定的作用。

步骤五：利用对水体现状调查和分析的资料，完成地形自然排水情况分析和地表水及其对坡面影响的分析。需要了解以下信息。

（1）现有水面的位置、范围、平均水深，常水位、最低和最高水位，洪涝水面的范围和水位。

(2)水面岸带情况,包括岸带的形式、受破坏的程度、岸带边的植物、现有驳岸的稳定性。

(3)地下水位波动范围、地下常水位、地下水及现有水面的水质、污染源的位置及污染物成分。

(4)现有水面与场地外水系的关系,包括流向与落差、各种水工设施(如水闸、水坝等)的使用情况。

(5)结合地形划分出汇水区,标明汇水点或排水体、主要汇水线。地形中的脊线通常称为分水线,是划分汇水区的界线。山谷线常称为汇水线,是地表水汇集线。

除此之外,还需要了解地表径流的情况,包括地表径流的位置、方向、强度、沿程的土壤和植被状况,以及所产生的土壤侵蚀和沉积现象。地表径流的方式、强度和速度取决于地形。在自然排水类型中,谷线所形成的径流量较大且侵蚀较严重,陡坡、长坡所形成的径流速度较大。另外,当地表较光滑、没有植被、土壤黏性大时也会加强地表径流。结合以上内容,整理各项数据并绘制地形自然排水情况分析图。

步骤六:土壤勘察。

对于规模较小的工程,只需要了解主要的土壤特征,如土壤的pH值、土壤承载极限、土壤类型等。

步骤七:植被勘察。

植被勘察的内容包括现状植被的种类、数量、分布以及可利用程度。在场地范围小、种类不多的情况下可直接进行实地勘察和测量定位,这时可结合场地地图和植物调查表将植物的种类、位置、高度、长势等标出并记录下来,同时可做现场评价。

步骤八:气象资料调查。

气象资料包括场地所在地区或城市长年积累的气象资料(日照条件、温度、风向和降水)和场地范围内的小气候资料两部分。

(1)日照条件,包括一年中夏至和冬至的太阳高度角、太阳方位角和日照时数。

(2)温度、风向和降水,包括年平均温度、一年中最低和最高温度,持续低温或高温阶段的历时天数,月最低、最高温度和平均温度,各月的风向和强度,夏季和冬季主导风向,平均年降水量,降雨天数、阴晴天数,最大暴雨的强度、历时、重现期。

(3)小气候通常指在了解了当地气候条件后,实地考察基地地形起伏、坡向、植被、地表状况、人工设施等对场地日照、温度、风向和湿度条件的影响。

步骤九:人工设施勘察。

人工设施的勘察与分析应针对不同的类型分别考虑。

(1)建筑和构筑物。了解现场现有的建筑物、构筑物等的使用情况,以及建筑平面、立面、标高及其与道路的连接情况。

(2)道路和广场。了解道路的宽度和分级、道路面层材料、道路平曲线和主要点的标高,道路排水形式、道路边沟的尺寸和材料;了解广场的位置、大小、铺装、标高以及排水形式。

(3)各种管线。管线分为地上和地下两部分,包括电线、电缆、通信线、给水管、排水管、煤气管等各种管线。

步骤十：视觉质量。

现场景观和现场周围环境景观的质量通常需要经实地踏勘后才能进行评价。在踏勘中常用速写、拍照或记笔记的方式记录现场视觉印象。

（1）现场景观。对现场的植被、水体、山体和建筑等组成的景观可从形式、历史文化和特异性等方面去评价，并将结果分别标记在景观调查现状图上，同时标出主要景观点的平面位置、标高、视域范围。现场景观视觉调查结果应用图来表示，在图上标出确切的观景位置、视轴方向、视域、清晰程度（景的远近）以及简略的评价。

（2）环境景观。环境景观也称介入景观，是指基地外的可视景观。环境景观有各自的视觉特征，根据它们自身的视觉特征可确定它们对现场景观的作用。

步骤十一：基地范围和环境因子勘察。

基地范围和环境因子的资料内容如下。

（1）基地范围。应明确景观用地的界线及其与周围用地界线或规划红线的关系。

（2）交通和用地。了解现场周围的交通，包括与主要道路的连接方式、距离和主要道路的交通流量。另外还应标明现场周围工厂、商业或居住区等不同性质的用地类型，并根据现场的规模了解服务半径内的人口数量和人口构成。

（3）视觉和听觉环境。了解现场环境的总体视觉质量，该过程可与现场视觉质量评价同时进行。了解基地外噪声的位置和强度，并注意噪声与主导风向的关系，当顺风时，噪声趋向地面传播，而逆风时则正好相反。

（4）现场外空气污染源的位置及其影响范围。了解污染源是在现场的上风向还是下风向。

（5）城市发展规划。城市发展规划对城市各种用地的性质、范围和发展已做出明确的规定。因此，要使景观规划符合城市发展规划的要求，就必须了解基地所处地区的用地性质、发展方向、邻近用地的发展规划，以及交通、管线、水系、植被等一系列专项规划的详细情况。

步骤十二：将景观项目现场勘察各类资料整理成分析报告。

五、考核标准

熟练掌握现场勘察的原则，能够完成现场勘察准备工作，能够完成现场勘察与资料搜集工作，能够完成现场资料的分析与整理工作，能够将景观项目现场勘察各类资料整理成分析报告。

六、任务模拟练习题

以真实景观实践项目为载体（所在公司正在进行的项目或教师提供的景观设计任务书），进行景观设计项目现场勘察实训，并结合以上步骤将景观项目现场勘察各类资料整理成分析报告。

工作活动 3: 绘制景观项目现状 CAD 图纸

一、工作内容

整理景观项目现场勘察中测绘的尺寸数据,结合原始资料中与现场匹配的正确尺寸数据,绘制景观项目现状 CAD 图纸。

二、工作活动综合素质要求

具备一定的图纸测绘技术,熟练使用建筑图纸绘制软件,掌握建筑制图规范要求,具有较强的图纸绘制能力。

三、工作中用到的知识点

计算机辅助设计软件(AutoCAD)应用基础。AutoCAD 具备绘图功能、编辑功能、设计中心、输出功能、联网功能和扩展功能。要熟悉 AutoCAD 的工作界面,熟练掌握输入命令、绘图环境设置、创建修改图层、打开和保存文件、绘制图形、编辑修改图形、打印图纸等方法。

四、工作步骤

步骤一:整理景观项目现场勘察时测绘的尺寸数据,包括整体边界尺寸,内部不可拆除建筑物、构筑物和自然景观元素的尺寸。

步骤二:绘制景观项目现状 CAD 图纸。

(1)打开 AutoCAD 软件。

(2)设置图形界限。

(3)设置图层。

(4)绘制整体景观现状内容。

(5)绘制内部不可拆除建筑物、构筑物和自然景观元素。

步骤三:图纸核对,配置图框和规范标注相关图纸信息。

步骤四:打印图纸。

五、考核标准

能够基于景观项目现场勘察中测绘的尺寸数据,结合原始资料中与现场匹配的正确尺寸数据,绘制景观项目现状 CAD 图纸。

六、任务模拟练习题

基于任务三中工作活动 2 后面的任务模拟练习题中的实训任务,绘制景观项目现状 CAD 图纸。

任务四：景观设计项目资料搜集与处理

工作活动1：景观设计项目资料搜集

一、工作内容

熟练利用各种渠道进行景观设计项目资料搜集。掌握景观设计项目资料的分类方法。搜集景观设计项目的依据材料，如规划文件、设计规范、经济技术指标资料和现场勘察资料等。搜集景观设计项目参考资料，如相关案例、用户数据分析、调研报告等。

二、工作活动综合素质要求

具备一定的文字编辑能力，掌握比较全面的景观设计项目资料搜集渠道，具备较强的网络信息检索能力。

三、工作中用到的知识点

1. 景观设计项目相关资料的分类

按普通类别分类主要有风景园林法律法规类、主管部门规划与批复类、设计规范与标准类、建设工程管理类、建设单位(业主)要求类、景观设计项目现状与图纸类和相关案例分析类。按景观项目工程参与单位和工程项目具体运作来划分，又可以分成工程设计资料、工程施工资料、工程监理资料和工程竣工资料。

2. 景观设计项目不同阶段需要准备的资料

(1)前期准备阶段。主要文件有:①项目建议书和批复文件;②可行性研究报告和项目评估报告;③计划任务书和设计任务书;④国有土地使用证和国有土地使用转让文件;⑤建设工程规划许可证和审批的总平面图、地形图等;⑥水文、气象和地震记录;⑦地形、地貌控制点和测量定位观测记录;⑧招标文件、承包合同和动迁文件;⑨消防、卫生、环保的批准文件和水电煤供应协定。

(2)设计阶段。主要文件有:①工程水文、地质勘探报告;②各阶段的设计文件;③工程计算书和说明;④技术专利文件和关键技术实验文件;⑤概算书和预算书;⑥设计审批文件和关键技术鉴定文件;⑦设备和原材料清单。

3. 常用的景观设计项目资料搜集渠道

主要通过项目建设委托方、政府主管部门公开发行出版的出版物、招投标管理部门官方网站、建筑类书店、景观设计公司官方网站、景观设计类网站等搜集景观设计项目资料。

4. 现场勘察资料的整理与设计工作计划实施的条件

现场勘察后，会带回大量与项目设计相关的文字、图样、图片等资料，必须立即对这些资料进行整理、归纳，防止遗漏那些较细小却对项目设计有较大影响的环节。现场勘察中产生的资料有现场文字记录、现场讨论记录、现场图片记录。现场文字记录主要记录与图纸不相符的情况、场地内外不利因素和场地特殊情况等，现场图片记录是对现场情况的真实记录，有助于设计时分析和参考。

在广泛搜集基础资料(地界红线图电子文档、地质勘察报告、气象资料、水文地质资料、当地文化历史资料)和现场踏勘资料的基础上，完成现场勘察资料整理报告，这是实施设计工作计划的前期条件。进一步深入理解设计任务书后，即可编写设计工作计划。设计工作计划包括确立方案概念，进行功能区划分和景观分析等，如图 4-1~图 4-6 所示。

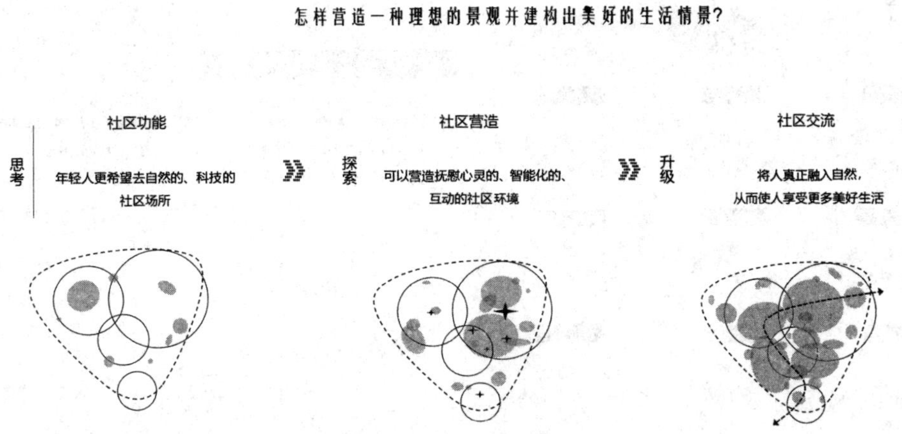

图 4-1 景观方案设计概念

图 4-2 景观场地功能构建

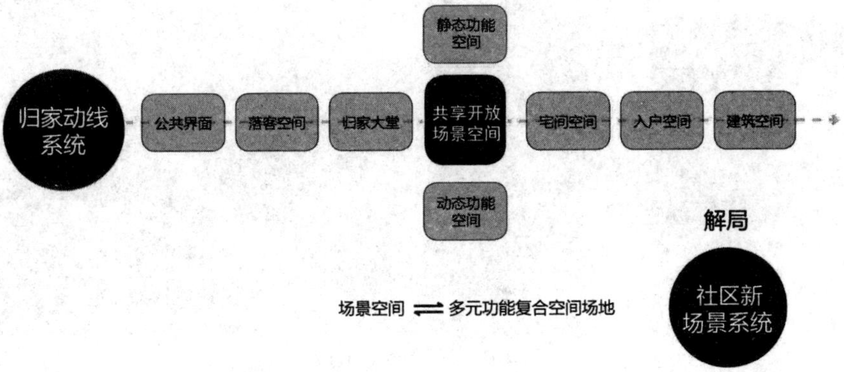

图 4-3 景观动线分析

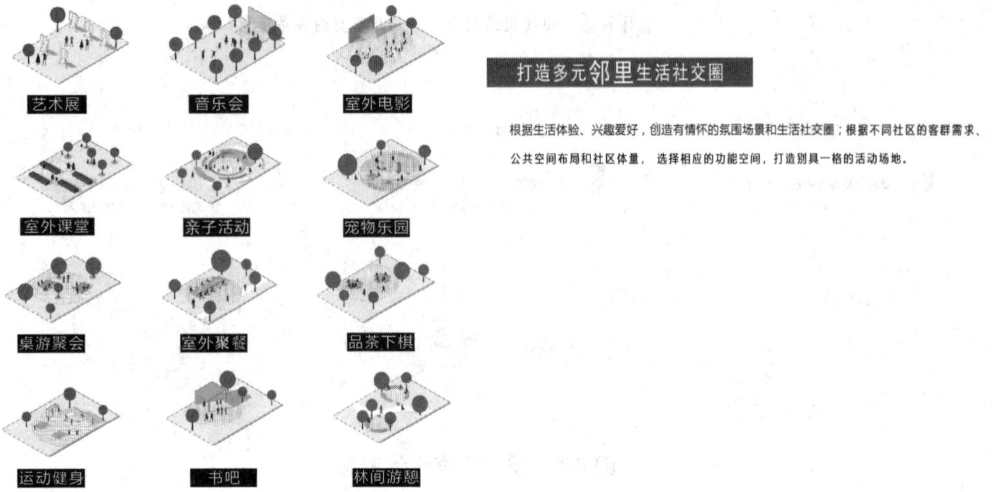

图 4-4 景观功能分析

图 4-5 景观设计概念

图 4-6 设计理念示意

四、工作步骤

步骤一：明确景观设计资料的分类方法，按照类别进行资料搜集与处理。不同规模和属性的景观设计项目需要的景观设计资料也不尽相同。景观工程分类在任务一的工作活动3中已有介绍，在此不做重复。景观设计资料的主要分类如下。

（1）城市公共空间环境景观设计前期需要的资料。

（2）居住区环境景观设计前期需要的资料。

（3）道路绿化景观设计前期需要的资料。

（4）风景区景观设计前期需要的资料。

步骤二：完成对现场勘察资料和基础资料的分析。

（1）通过对现场勘察资料与基本地形资料的搜集，完成项目地形图分析，如图4-7所示。

（2）利用水体现状调查和分析的资料，完成地形自然排水情况分析和地表水及其对坡面影响的分析。

（3）土壤勘察分析。对于规模较小的工程，只需要了解主要的土壤特征，如土壤的pH值、土壤承载极限、土壤类型等。

（4）植被勘察分析。植被勘察的主要内容包括现状植被的种类、数量、分布以及可利用的程度。

（5）气象资料调查分析，包括场地所在地区或城市长年积累的气象资料和场地范围内的小气候资料两部分。气象资料有日照条件、温度、风向和降水等。小气候通常是指在了解了当地气候条件后，实地考察基地地形起伏、坡向、植被、地表状况、人工设施等对场地日照、温度、风向和湿度条件的影响。

（6）人工设施的勘察与分析应根据不同的类型分别考虑。比如：了解场地现有的建筑物、构筑物的使用情况，建筑平面、立面、标高及其与道路的连接情况；了解道路的宽度、分级、面层材料、平曲线、主要点的标高、排水形式、边沟的尺寸和材料；了解广场的位置、大小、铺装、标高以及排水形式。

（7）视觉质量分析。现场景观和现场周围环境景观的质量需要经过实地踏勘后才能进行评价。在踏勘中常用速写、拍照或记笔记的方式记录现场视觉印象。

（8）现场范围和环境因子勘察分析，应明确景观用地的界线及其与周围用地界线或规划红线的关系。了解现场周围的交通，包括与主要道路的连接方式、距离和主要道路的交通流量。另外还应标明现场周围工厂、商业或居住区等不同性质的用地类型，并根据现场的规模了解服务半径内的人口数量和人口构成。了解现场外噪声的位置和强度，并注意噪声与主导风向的关系，当顺风时，噪声趋向地面传播，而逆风时则正好相反。了解现场外空气污染源的位置及影响范围，明确污染源是在现场的上风向还是下风向。城市发展规划对城市各种用地的性质、范围和发展已做出明确的规定。因此，要使景观规划符合城市发展规划的要求，就必须了解现场所处地区的用地性质、发展方向、邻近用地的发展规划，以及交通、管线、水系、植被等一系列专项规划的详细情况。

步骤三：在以上项目资料的基础上，进行全方位的查漏补缺，并完成场地评估。

（1）安全评估。分析场地受灾的可能性；分析不同地貌的边沿交叉处的安全状态；分析景观建设使用功能对场地的影响。

（2）使用评估。分析景观项目中人的活动行为的可能性；分析活动行为的空间限制。

（3）景观资源评估。对场地存在的景观资源进行分类和分级。

（4）周边环境评估。考虑场地与环境的关系，是否可进行借景、遮挡和隔离处理。

步骤四：基于以上资料，完成设计分析。

无论现场勘察结果如何，都是景观设计的依据。为使景观设计的效益最大化，可结合设计要求对现场勘察结果进行分析。

（1）场地利用。根据因地制宜的设计原则，应最大限度地利用土地、水系、植物和其他附属物。

（2）再造可能。依据设计主题分析场地塑造的可能性并进行容量研究。

（3）场地景观资源分析。对景观资源进行分析，采用保护、迁移和纪念三种利用方式。

步骤五：将以上各类设计项目资料整理为分析报告。

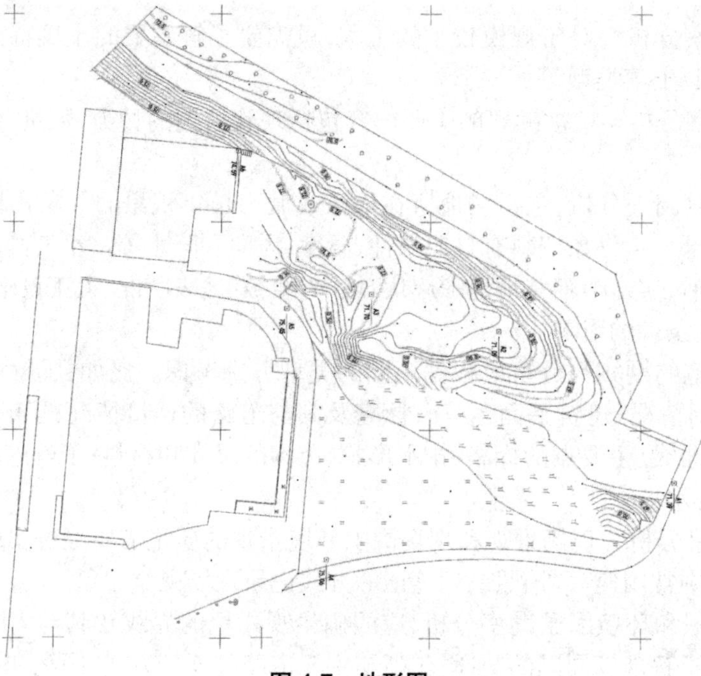

图 4-7　地形图

五、考核标准

能够熟练进行景观设计项目资料搜集。掌握景观设计项目资料的分类方法。搜集景观设计项目的依据材料，如规划文件、设计规范、经济技术指标资料和现场勘察资料等。搜集景观设计项目参考资料，如相关案例、用户数据分析、调研报告等。

六、任务模拟练习题

基于任务三中工作活动 2 后面的任务模拟练习题中的实训任务，完成景观设计项目资料搜集，并形成分析报告。

工作活动 2：景观设计项目资料处理

一、工作内容

对所有景观设计项目的前期资料进行电子化归档处理。梳理设计依据，归纳景观设计要点，初步形成景观设计理念。分类整理景观设计意向资料，形成设计意向报告。

二、工作活动综合素质要求

掌握计算机应用知识和技能；具备景观设计相关理论知识；具备景观设计项目前期资料电子化归档处理能力；具备初步分析景观设计资料的能力；具备景观设计意向文本报告制作的能力；熟练应用 Photoshop、InDesign 等图像处理软件。

三、工作中用到的知识点

1. 景观设计理念

理念是关于设计的想法，可以说是一个设计策略或者潜在的设计主题。理念包括对场地、需求、潜力的分析和设计人员的直觉反应。在设计过程中，不能过早地确定或合理化理念。

使理念视觉化是为了解释复杂的创意。景观设计员经常使用表格、草图、拼贴画或模型传达一个理念，之后将其转成平面或立体的形象。绘画在设计过程的最初始阶段是对创意的抽象体现。有个性、自由风格的简单绘画传达的是氛围而不是具体的形体。在与客户交流的项目介绍会上，概念化的创意和过程会被简化。与复杂的终稿设计图一样，简单而直观的设计图同样具有极强的说服力，可以让客户过目不忘。相关设计图如图 4-8~图 4-12 所示。

图 4-8　景观建筑风格

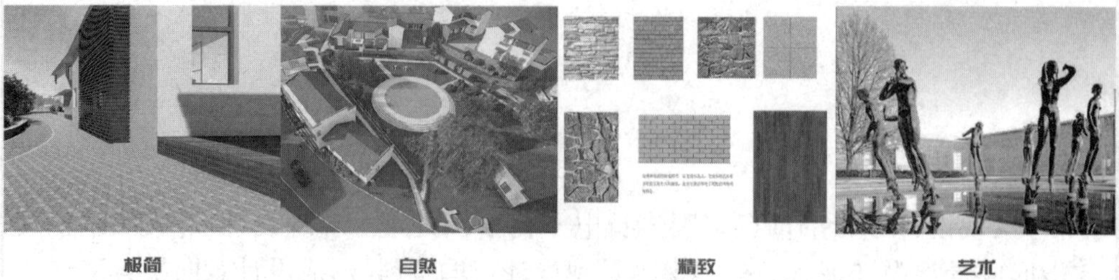

图 4-9　景观建筑设计手法

图 4-10　提炼景观设计理念

图 4-11　景观元素提取

图 4-12　图示说明设计理念

2. 景观设计准备

在做景观设计之前，首先接受设计委托书，然后进入设计准备阶段。在此阶段必须明确设计任务和要求，明确设计期限并安排设计进度，考虑各有关工种的配合与协调，明确设计任务、性质、功能要求、规模、等级标准、总造价，根据项目的使用性质确定景观环境、文化内涵或艺术风格等，熟悉有关设计规范和定额标准，搜集、分析必要的资料和信息，包括调查、勘探现场以及参观同类型案例等。

（1）接受委托。委托是客户的需求，由委托方提出服务的内容、目的和要求。受托方接受委托后双方达成协议，并形成文字性的委托合同。

（2）明确设计任务和性质，了解设计目的，把握服务对象，掌握设计内容、设计目标、技术指标、项目运行结果。对可行性报告的分析和对项目特点的了解等都以详细的数据统计为基础。只有明确了设计任务才能知道应该做什么，应该怎么做，使自己的思路更加清晰。

（3）设计的功能要求。在全面掌握设计的具体功能要求后，应充分搜集所需的素材和资料，制订工作内容总体计划，拟定准确而详细的设计清单，这样才能明确工作内容和把握时间进度，保证设计工作的顺利进行，有效地对各个环节进行管理和监督。

（4）了解设计规模。设计规模的大小直接影响设计进度的安排。对设计规模大小的了解包括设计的范围、设计的功能要求、经营和管理的详细计划。

（5）了解现场的资料和尺寸复核。对现场资料进行研究，了解自己所设计的内容和范围；尺寸复核就是核对图纸上的数据和现场测得的数据是否有差异。对现场的勘察可以增加景观设计员对空间的实际感受；对现场的基础设施、配套设备做详细的记录和了解，充分把握设计的全部资料，有利于做详细的计划和安排。

（6）了解设计的规范。对设计规范的了解是为了打造高品质的景观项目，所以必须清楚地了解设计规范。

3. 景观设计场地资料分析

场地分析是设计人员做设计的依据，是在现场勘察之后对场地特征和场地存在的问题进行的分析。只有了解了场地的有利因素和不利因素，才能避免在设计上出现与场地不符的问题。定位和评估场地的自然特征对景观的格局、构建方式影响极大。

1)植被

不同的自然环境有不同的生态系统,植物的生存环境与当地的自然环境有很大关系。植被的生长条件取决于地面土壤和自然气候,环境污染也会对植物的生长产生影响。景观规划要根据当地的土壤条件进行,在自然环境有利于当地植被生长的情况下,再配以人们需要的设施和人工环境,才能创造出有利于城市发展、社会发展、文化进步的人文环境景观。植物配置设计如图 4-13 所示。

图 4-13　植物配置设计

2)地形

对地形的了解包括考察场地所处的位置、面积,用地形状,地表的起伏情况、走向、坡度,裸露岩层的分布情况。

3)环境气候

记录场地冬季和夏季的风向特征,了解环境气候的差异性。地域文化对人们的生活有很大的影响。热带和亚热带属于高温气候,人们希望有较好的通风环境,所以景观规划应注意布局的开敞,夏季主导风向的廊道应进行架空处理,户外要有开敞的空间。而寒冷地方的城市环境则应采取集中的结构和布局,空间格局应封闭些,更多的是注意防寒设施的建立。

4)周边环境

景观及其周边环境的地形、地貌和植被等自然条件既是设计人员要考虑的因素,也是其可以利用的自然素材。许多优美的景观,大都与其所在的地域特点紧密结合,并可通过精心的设计和利用,形成景观的艺术特色。

5)场地尺寸

场地尺寸决定着经营规模,经营规模决定着设计导向。如果场地尺寸不大,就应尽量设计得小巧、温馨,使用户有亲切感,最大限度地满足场所的需求。如果场地尺寸相对大些,在设计上就应该体现大气的设计风格,在宏观设计理念上应展现景观的人文精神。通过测量来获得场地尺寸,同时要记录建筑的特征,了解场地和建筑的排水位置,熟悉公共设施以及供电的情况,这样才能确定作业的范围和边界。

6)原场地景观

了解原场地景观,考虑其能否被保留和利用,并分析其利弊。

4. 景观设计人文环境资料分析

只有明确设计目的,才能知道该做什么;只有了解用户需求,才能明白应该怎么做;只有清楚地知道设计方向,才能准确地表达设计理念。景观的人文环境分析主要包括使用者对物质功能、精神内涵的需求分析,以及地域群体的社会文化背景分析等几个方面。

1)使用者爱好倾向分析

使用者倾向于哪些景观风格和类型?喜欢哪些植物和运动?客户群分析和客户景观需求分析如图 4-14、图 4-15 所示。

图 4-14　客户群分析

图 4-15　客户景观需求分析

2)交通工具分析

了解周边居民使用哪种交通工具,既便于设计时规划机动车和非机动车停车区域,也为地面的铺装搜集素材。交通工具分析和人行道路与铺装分析如图 4-16、图 4-17 所示。

3)人际交往活动分析

在设计景观时,必须了解居民主要采用哪种方式交往,在此基础上规划半私密区、交谈休息区、休闲娱乐区、户外餐饮区等功能空间。功能分析如图 4-18 所示。

4)服务需求分析

人们在场所进行一系列活动时,必然会产生服务需求,包括垃圾箱的多少及垃圾箱与所在场所的距离,生活必需品是否充足,是否有宠物玩耍的地方等。

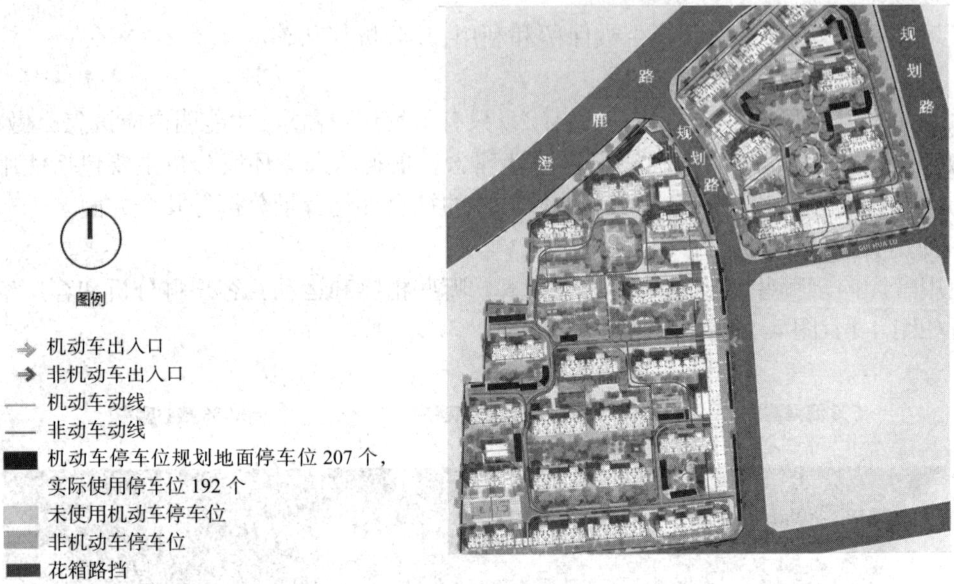

图 4-16　交通工具分析

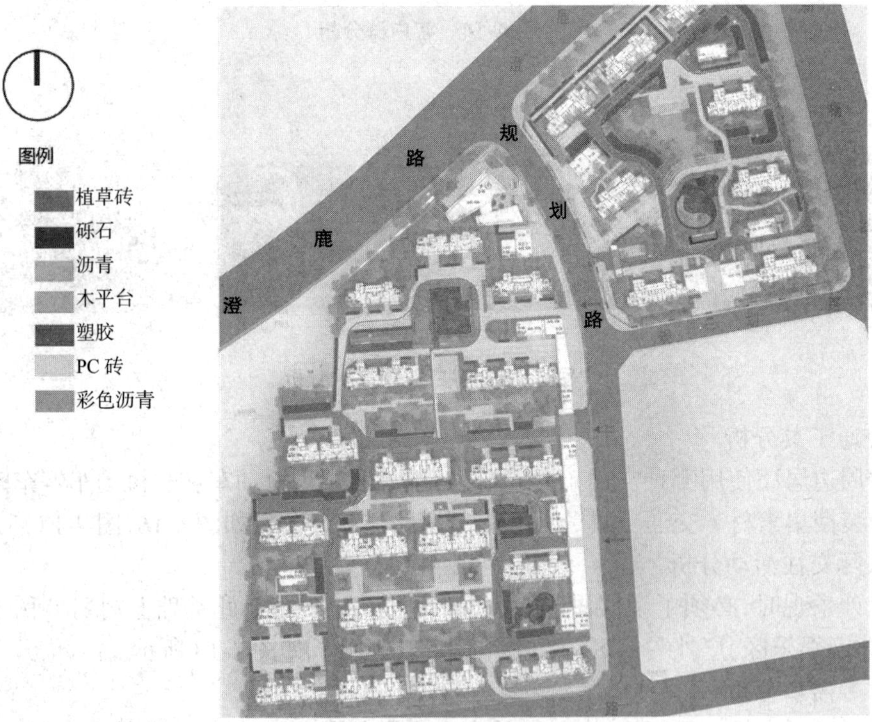

图 4-17　人行道路与铺装分析

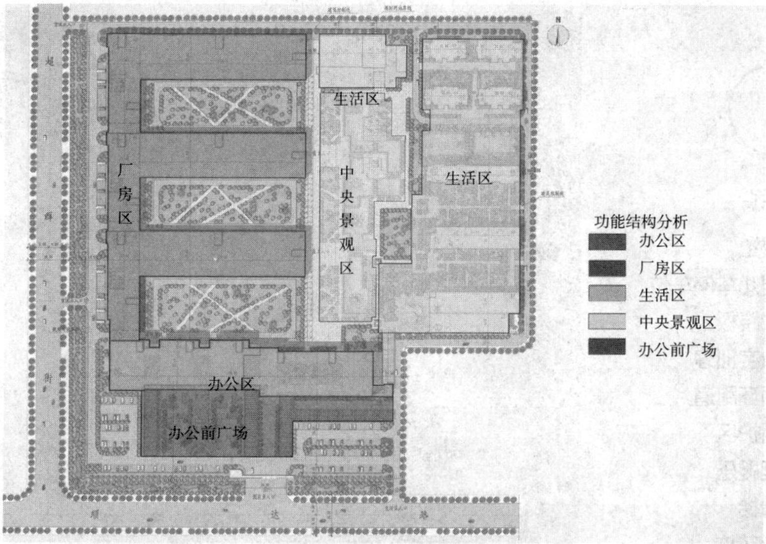

图 4-18 功能分析

5)儿童活动区域分析

儿童活动区域需要布置的设施包括沙坑、秋千、大型滑梯等，以及需要对场地进行遮光处理。儿童景观需求分析和儿童景观分区设计如图 4-19、图 4-20 所示。

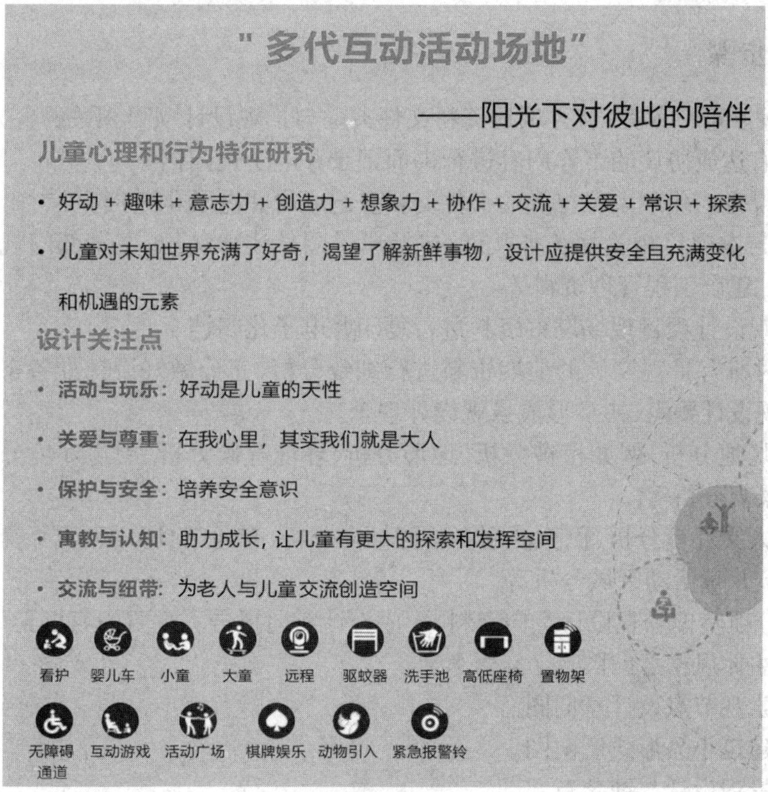

图 4-19 儿童景观需求分析

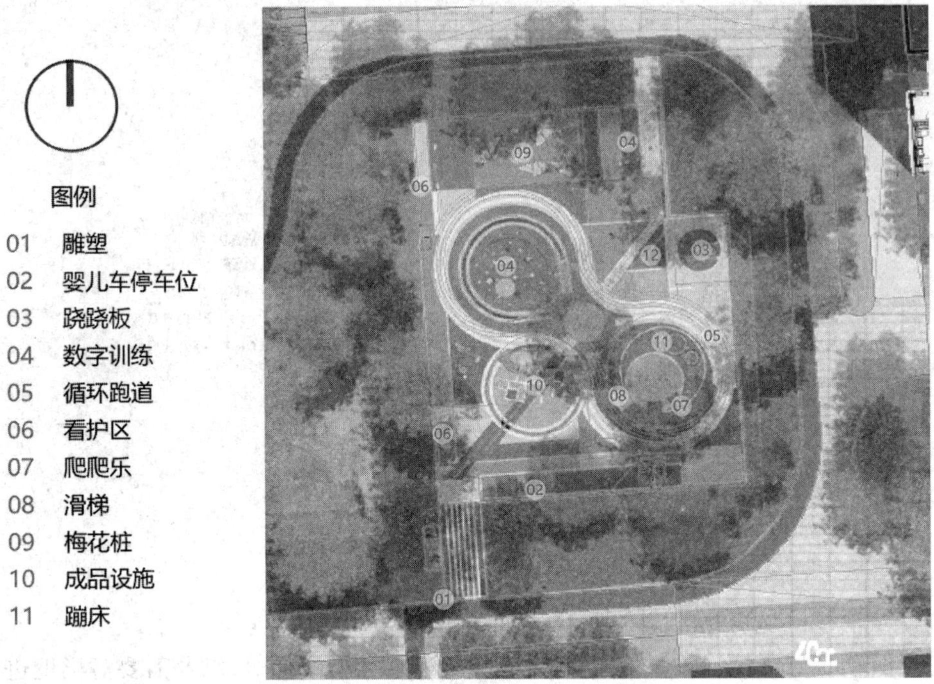

图 4-20 儿童景观分区设计

四、工作步骤

步骤一:按照资料分类,建立项目资料文件夹。与景观设计项目相关的各方保持联系。

(1)对所有达成协议的工作内容进行书面记录并电子化归档。

(2)将建设方或代理单位提供的文件资料登记成册并电子化归档。

(3)整理与本项目相关的各类文件,包括风景园林法律法规、主管部门规划与批复、设计规范与标准、建设工程管理资料等。

(4)对景观设计项目现场勘察资料进行复印并电子化归档。

步骤二:对所有景观设计的前期资料进行细致分析,充分做好设计准备工作,整理设计依据,梳理景观设计要点,初步形成景观设计理念。

(1)进行场地分析,例如植被分析、地形分析、环境气候分析、周边环境分析、场地尺寸分析、原场地景观分析等。

(2)进行人文环境分析,例如使用者爱好倾向分析、交通工具分析、人际交往活动分析、服务需求分析、儿童活动区域分析等。

步骤三:分项整理景观设计意向资料,形成设计意向报告。主要内容框架如下。

(1)建筑主体风格意向图。

(2)主要景观节点设计意向图。

(3)景观建筑小品形式意向图。

(4)道路景观设计与铺装意向图。

（5）绿化设计意向图。

（6）服务功能设施设计意向图。

五、考核标准

能够对所有景观设计项目的前期资料进行电子化归档处理。能够整理设计依据，梳理景观设计要点，初步形成景观设计理念。能够分类整理景观设计意向资料，形成设计意向报告。

六、任务模拟练习题

以真实景观实践项目为载体（所在公司正在进行的项目或教师提供的景观设计任务书），进行景观设计项目资料整理，结合以上步骤整理设计依据，梳理景观设计要点，初步形成景观设计理念。能够分类整理景观设计意向资料，形成设计意向报告。

任务五：景观设计项目初步方案设计

工作活动 1：景观项目概念设计

一、工作内容

进行景观项目初步设计构思和表达。了解景观项目的背景，明确景观设计任务和要求，根据搜集的资料与分析结果进行方案构思，以文字与图示相结合的方式进行景观项目概念设计。

二、工作活动综合素质要求

具备丰富的景观设计理论知识，掌握景观设计流程与技巧，具备景观设计方案构思与图示表达的能力。

三、工作中用到的知识点

1. 景观设计构思与表达常用技巧

1）景观设计方案构思

（1）了解景观项目的背景，明确景观设计任务和要求，再根据搜集的资料进行方案构思。以模型方式表述景观设计理论，这些模型无论是正式的还是非正式的，是精确的还是模糊的，都必须基于实用和有效的理论。下面列出了在明确问题和背景时通常考虑的六个方面的问题。景观设计的理论框架如图 5-1 所示。

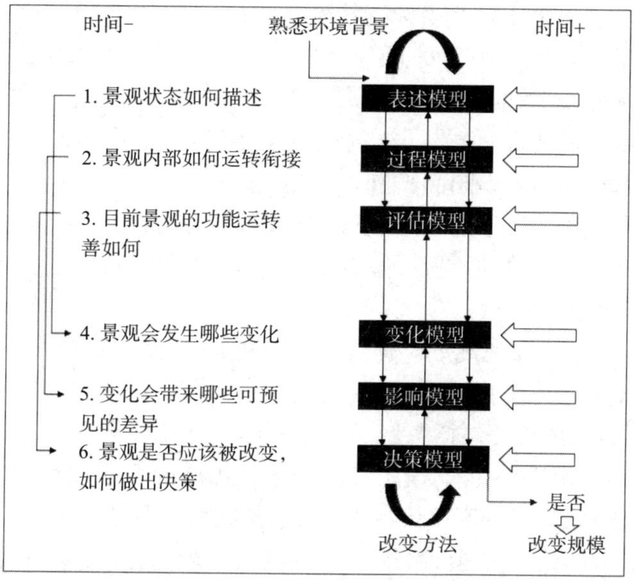

图 5-1　景观设计的理论框架

①景观状态如何描述？包括景观的内容、范围、空间，以及用什么方法、用什么语言来描述。表述模型（Representation Model）用于解决这类问题。

②景观内部如何运转衔接？各要素之间的功能关系和结构关系如何？这类问题引出过程模型（Process Model）。

③目前景观的功能运转状况如何？如何判断？由此产生评估模型（Evaluation Model）。

④景观会发生哪些变化（无论是保护还是改变）？被什么行为、在什么时间、在什么地点改变？这类问题引出变化模型（Change Model）。必须考虑的两类重要变化：当前可预见的趋势带来的变化（实际包括要素自身的时间趋势及别的要素发生变化而带来的改变），相应地引出预测模型（Projection Model）；一些影响因素带来的变化，诸如规划、投资、法规、建设等，相应地引出干预模型（Intervention Model）。

⑤变化会带来哪些可预见的差异？这类问题引出影响模型（Impact Model）。在影响模型中过程模型用于模拟变化。

⑥景观是否应该被改变？如何做出改变景观或保护景观的决策？如何评估由不同改变带来的不同影响？如何比较替代方案？这类问题与第三类问题直接相关，二者都是基于知识和文化价值的。解决这类问题需要由决策模型（Decision Model）来实现。

在任何一个项目中这六个方面的问题都必须至少反复三次：第一次，自上而下明确项目的背景和范围，即明确问题所在；第二次，自下而上明确提出项目的方法论，即如何解决问题；第三次，实施整个项目直至给出结论，即回答问题。

（2）分析问题、寻求解决方法的反向过程。以上六个方面的问题是按照其通常被认知的顺序叙述的，但按照相反的顺序来考虑更为重要，这将会成为组织景观规划设计的有效方式，同时也有助于明确设计方法。一个项目的设计方法应该按照上述问题框架自下而上地组织和说明，因为实际上每一层次得到的结果或结论都源于上一个层次的模型。因此，尝试按照反向过程进行考虑,一环扣一环地找到解决问题的方法尤为重要。

任何一个设计都会在时间和尺度上不断地发生变化,当各种变化不断地进行重复和发生联系时,上述模型就会成为非常复杂、烦琐的供研究的组织基础,可以帮助设计者厘清头绪。虽然项目具有高度复杂性,但是同样的问题会重复出现,而针对这些问题的具体模型、方法和答案会随着环境背景的不同而不同。

尽管这个模型看起来是有序的、连续的,但在实践中常常会打破这一序列。任何一个设计项目的进展都不会一帆风顺,但是都能够顺着上述模型找到最终答案。

2)空间结构与功能的整合

(1)景观规划与构思。景观规划整体性构思应处理如下几个关系。

①区域的划分,包括功能的整体布局、基地的土地划分、场所功能与空间的划分。

②各景观要素内容的确定,包括各区域内景观设施的确定。

③各景观要素间的组织关系,如娱乐设施与服务设施的关系、绿化与道路的关系等。

(2)景观功能组织。功能分区确定后,要确定各区域的具体内容。

①交通,包括入口广场、主干道、次干道、步行道、停车场、公交车站、路牌等。

②活动场地,包括儿童游戏区、老人活动区、健身区、中心广场等。

③公共服务,包括购物区、服务中心、电话亭、垃圾桶、卫生间等。

④绿化,包括行道树、花坛、草地、树林等。

(3)景观空间营造。景观空间的营造常用以下几种手法。

①大小。可以采用园林建筑中常用的"欲扬先抑"构景手法,实际上就是借空间大小的强烈对比实现小中见大的效果。相毗邻的空间,若体量相差悬殊,由小空间进入大空间时,可以借体量对比引起人们注意。从小空间进入大空间的空间效果如图 5-2 所示。

图 5-2 从小空间进入大空间效果

②方向。由于功能因素的制约,景观空间多由矩形平面、长方体空间相互组合在一起,设计时通常可以借助空间方向的变化来实现某些效果。采用改变入口方向的设计手法塑造景观空间如图 5-3 所示。

图 5-3　采用改变入口方向的设计手法塑造景观空间

③形式。不同形式的空间之间会形成对比，但这种对比对人们产生的影响较小。通过这种对比，可以达到求得变化和破除单调的目的。不过，在进行空间调整时，应利用功能的特点，并在功能允许的条件下适当地改变空间，从而借其相互之间的对比作用增加空间变化。不同空间形式的对比如图 5-4。

图 5-4　不同空间形式的对比

④重复。同一种形式的空间，如果连续多次或有规律地重复出现，可以形成一种韵律节奏感。重复运用同一种空间形式，并非形成一个统一的大空间，而是与其他形式的空间互相交替，组成整体。人们在行进的过程中，只有通过回忆才能感受到某一形式空间的重复出现与变化，从而产生一种节奏感。因此，重复的手法可以借变化而求得统一。重复设计手法如图 5-5 所示。

图 5-5　重复设计手法

⑤过渡。由于地形条件等因素的制约，某些空间之间可以由过渡空间来衔接。过渡空间本身没有什么具体的功能要求，应当尽可能地小一些、低一些，只有这样，才能充分发挥其在空间处理上的作用。要给人们留下深刻的印象，可以让其经历由大到小，再由小到大，由高到低，再由低到高的一系列空间体验过程。过渡设计手法如图 5-6 所示。

图 5-6　过渡设计手法

过渡空间设置必须看具体情况，并不是两个大空间之间必须插进一个过渡空间，那样不仅会造成浪费，而且还可能使人感到烦琐和累赘。

⑥渗透。中国古典园林中借景的处理手法就是一种空间渗透。“借”就是把彼处的景物引到此处来，也就是使人的视线超越一定的空间界限，由一个空间而及于另一个空间或更

远的地方，从而获得层次丰富的景观。因此，空间渗透就是通过有意识地使各空间相互连通、相互引介，从而增强空间的层次感。渗透设计手法如图5-7所示。

图5-7　渗透设计手法

3)景观设计方案的交流和修改

(1)方案交流。景观设计方案的交流，可以有很多种方法和渠道。正式渠道包括方案交流会、提出建议的正规流程或者反馈表格等；非正式渠道包括部分设计人员参加的会议及其他类型的面对面交谈。

方案交流会提供了交谈的机会，并且会议中的大多数时间应该用来听取专家及其他设计人员的意见。方案交流会的内容主要由专家、其他设计人员提问和该项目设计人员回答构成。

然而，一些设计人员通常不愿意直接说出他们的想法，即使是在企业文化最为开放的环境中，也总有些设计人员即使有好主意，也会由于某种原因难以公开表达出来。在这种情况下，这些设计人员就可以考虑使用允许他们匿名发表意见的反馈系统，或使用可靠的意见箱，而且现代技术(网络和电子化的交流手段)也提供了更多的表达途径。

在进行方案交流时，如何能有效促进双向交流？很简单，就是让设计人员感到他们的意见被重视，同时尽量进行交互式的信息交流，即让所有人都参与讨论。

对于客户的信息反馈，设计人员应该高度重视。客户拿到设计方案后，一般会在短时间内给予答复。答复中会提出一些调整意见，包括项目内容的修改、增删，投资规模的增减，用地范围的变动等。针对这些反馈信息，设计人员要在短时间内对方案进行调整、修改和补充。

若设计人员积极主动地完成方案调整工作，则会赢得客户的信赖，对后续的工作也能产生积极的推动作用；若设计人员马马虎虎、敷衍了事，或拖拖拉拉，不按规定日期提交调整方案，则会失去客户的信任，甚至失去这个项目。

一般而言，调整方案的工作量没有前期的工作量大，大致包括一张调整后的规划总图、一些必要的方案调整说明、框(估)算调整说明等,但它的作用却很重要,后面的方案评审会和施工图设计等工作,都是以调整方案为基础进行的。

(2)方案修改。方案交流是检验设计人员方案设计的一种手段,而不是目标。进行方案交流的最终目的是修改、完善所设计的方案。

①景观设计的初步工作是方案构思,接着结合搜集到的原始资料对表现方案构思的草图进行补充、修改,逐步明确规划中的入口、广场、道路、水体、绿地、建筑小品等各元素的具体位置。经过初次修改后,整个规划在功能上趋于合理,在构图形式上符合园林景观设计的基本原则。

②方案的进一步修改。经过初次修改的规划构思,还不是一个完全成熟的方案。设计人员此时应该虚心请教、集思广益,多渠道、多层次地听取各方面的建议,并向经验丰富的设计师请教,多学习别人的设计方法和经验,增强整个方案的新意与活力。

对于大多数设计方案,客户在时间要求上往往比较紧迫,因此设计人员应特别注意两个问题:一是只顾进度、一味求快,最后导致设计内容简单枯燥、无新意,甚至完全照搬其他方案,图面粗糙,不符合设计任务书要求;二是过多地更改设计方案构思,花过多时间、精力去追求图面精美,而忽视规划方案本身质量。这里所说的规划方案质量包括规划原则是否正确,立意是否具有新意,构图是否合理、简洁、美观,是否具有可操作性等。

建议综合运用以下方法修改设计方案。

①整理专家、客户以及其他设计人员在方案交流时提出的建议,并分析这些建议,有的放矢地将其运用到方案中,从而达到完善方案的目的。

②当修改方案没有头绪时,建议先把设计好的方案放置一段时间,让自己的头脑冷静下来,待思维受到新的刺激后,就会找到修改设计方案的方法。

③临摹自己的方案。当专注地临摹时,往往能发现以前修改时未发现的欠妥之处。

④比较法。有比较才会有鉴别,应善于把同一处的几种不同改法进行比较分析,从而找到最好的修改方法。

最后,将景观设计方案的说明、投资框(估)算、水电设计等一些主要节点汇编成文字部分,将规划平面图、功能分区图、绿化种植设计图、小品设计图、全景透视图、局部景点透视图汇编成图纸部分。将文字部分与图纸部分相结合,形成一套完整的景观设计方案文本。

4)景观设计方案的绘制、深化

(1)构思草图。绘制草图是景观设计员构思方案、表达方案的重要手法之一。景观设计员应该养成动手绘制草图的良好习惯,一旦出现灵感,就用草图的形式快速表达出来,积累一系列草图后,对其进行比较、分析,以提升设计方案的质量。在这一阶段可以简单给草图上色,以验证构思效果。

(2)方案深化。方案深化的过程是设计人员完善和改进设计方案的过程,因此不仅需要表现设计人员的设计理念,而且应该尽量详尽地表达景观设计的内容。图纸应重在表达设计人员对此设计的总体把握,同时也不应忽视对设计细部的表现,应该对景观设计的所有要素进行统筹考虑,进一步确定景观和建筑的关系,并以计算机绘图的方式绘出总平面图、立面图、交通流线图、绿化效果图、景观小品图和局部细节图等,如图 5-8~图 5-10 所示。

图 5-8 绿化效果图

图 5-9 景观小品图

图 5-10 局部细节图

景观设计方案最终的平面图以及透视效果图可以采用多种形式表现，一般可以采用手工绘制，也可以采用计算机绘制。前者使景观设计表现更人性化，后者则具有效率高和精确等特点。

5）设计任务分配

景观设计是一项综合性的工作，需要设计团队成员合作完成。设计团队的组成和规模取决于设计任务的类型和规模。景观工程设计通常包含土建、绿化、水力、电气和结构五个专业。确定设计任务和内容后，按照设计人员状况，即可进行设计工作分配。

针对不同的设计阶段，设计人员的工作重点和工作量也有所不同。例如，方案设计阶段，土建设计人员参与较多；施工图设计阶段，绿化、水力、电气和结构设计人员工作量较大。

因此，针对项目设计特点、设计阶段和设计进度，应组织安排好五个不同专业的设计人员的工作，确保设计任务顺利完成。

2. 景观概念设计中的主题

主题是项目设计的中心思想，是为达到某种目的而表达的基本概念，是项目设计的核心诉求。主题是项目设计的脉络和主线，是处于第一位的决定性因素，始终主导着全部设计活动，并在很大程度上决定着设计作品的风格与价值。确立明确的主题思想是设计工作的首要任务，一个成功的设计必须有明确的设计思想和正确的设计方向。明确设计主题后，就可以根据主题进行创意构想。构想是否机智巧妙、充满智慧，是否具有深厚的文化内涵，直接关系到景观作品的优劣与成败。以自己的生活体验和素材的积累为基础大胆想象，以自己充沛的创作情感找到最佳的创意切入点，并反复推敲，最终会得到一个卓越的创意构想。相关案例及其分析如图 5-11 至图 5-15 所示。

图 5-11　徐州汉文化景区景观概念主题设计

图 5-12　景观概念主题推理分析

图 5-13　景观概念主题符号分析

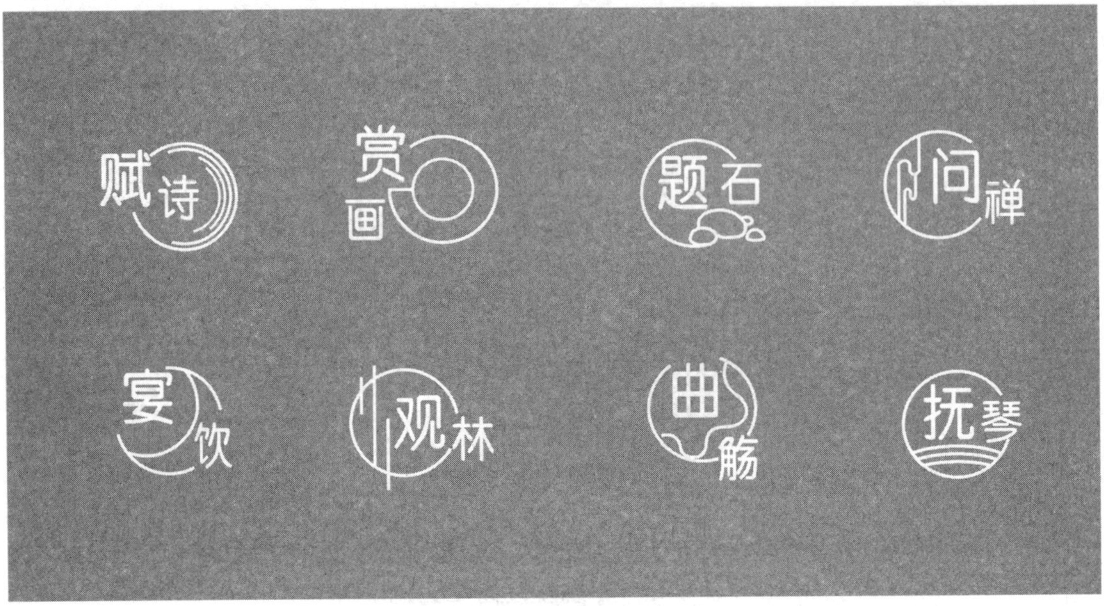

图 5-14　景观主题功能分析

图 5-15　景观主题造景

景观设计构思最忌雷同、抄袭和大同小异。在做好一系列准备工作之后，设计思考的问题和着手设计的起点就高了。同时，设计时要有全局观念，掌握必要的资料和数据，从最基本的人体尺度、流动线、活动范围、设施设备尺寸和使用空间设计等方面着手。设计构思阶段包括了解设计对象、了解市场的需求、了解使用人群的需求和了解经营者的需求。

四、工作步骤

步骤一：明确项目的背景和目标，即明确问题所在。进行景观现状描述，包括景观的内容、边界、空间。围绕设计目标列出景观设计需要解决的问题。

步骤二：提出解决问题的主要方法和策略，通过理论和概念的提炼，提出景观项目设计的核心理念。

（1）以景观功能和形式创新为主要策略，调整景观内部各要素形式美感与功能的结构关系，从而围绕设计目标列出景观设计需要解决的核心问题。

（2）援引前期景观设计资料整理分析结果，论证核心理念的合理性和可行性。

步骤三：将以上两步构思过程，运用文字与图示等方法进行表达，形成景观项目概念设计文案。概念设计阶段除了要求有设计创意，还应该从学科交叉的角度入手，如对建筑学、环境心理学、生态学、社会学知识的综合运用，用多元化的设计理念使景观设计更加科学合理。

五、考核标准

能够运用丰富的景观设计理论知识和实践技能进行景观项目初步设计构思和表达。能够根据搜集的资料与分析结果进行方案构思，以文字与图示相结合的方式进行景观项目概念设计。

六、任务模拟练习题

以真实景观实践项目为依据（所在公司正在进行的项目或教师提供的景观设计任务书），以文字与图示相结合的方式进行景观项目概念设计。

工作活动 2：景观项目初步方案设计

一、工作内容

确定景观设计理念，明确各功能空间的景观元素设计，制作景观项目初步设计方案文本，绘制景观项目初步设计图纸等设计文件。

二、工作活动综合素质要求

掌握丰富的景观设计基础知识，如景观设计专业名词和经济技术指标、景观设计基本原理、园林工程学相关知识等。具备景观建筑制图能力、计算机辅助设计软件应用能力。

三、工作中需要用到的知识点

1. 景观设计方案文本的主要内容

文本的主要内容包括景观设计说明、现状条件分析、规划原则、总体构思、用地布局、建筑空间组织、环境景观设计原则、道路和绿地系统规划、植物配置、竖向设计原则、主要技术经济指标、工程量及投资估算等。

2. 景观设计方案图纸的主要内容

地形图：反映实际地貌、地物的图称为地形图。

平面图：用平面表示地面所作的图称为平面图。景观设计平面图中需要反映建筑物平面的轮廓，道路、水面、围墙、花坛等的位置和轮廓，树木栽植的位置和树冠的投影等。为了清楚地表示某些节点或局部景观的设计，还可以绘制较大比例的局部平面图。总平面图如图 5-16 所示。

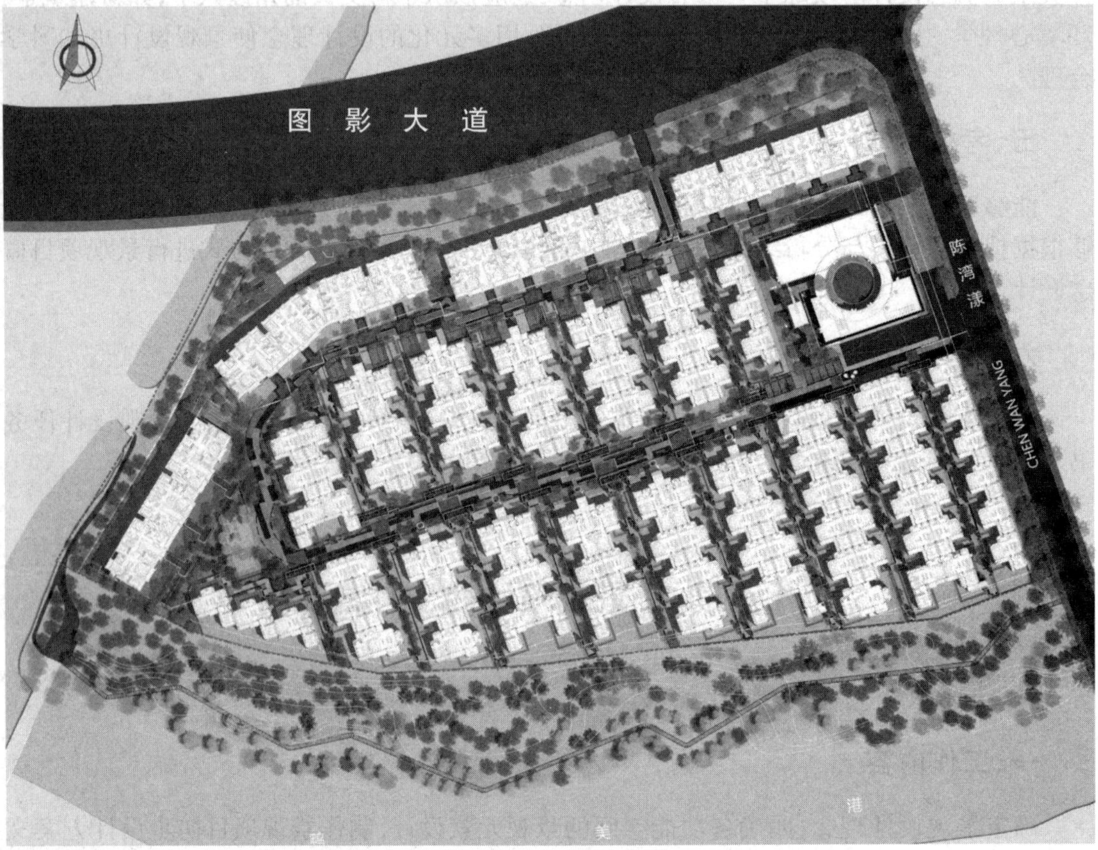

图 5-16 总平面图

立面图：从某景观前方看去，根据看到的景观表面情况所作的图就是立面图。立面图可以帮助业主看清楚某一面的设计情况（包括高、矮、宽的关系），如树与树之间、树与建筑物之间的高矮搭配情况等。

剖面图：为了了解景观结构中某一处景观元素的关系，对此进行剖切所形成的图就是剖面图。可根据图纸表现需要选择剖面图的剖切位置。

大样图：有时局部工程的细部构造必须用更详细的图来表达，这就需要采用大比例尺对局部构造进行绘制表现，这样的图叫大样图，或详细施工图。

透视图和鸟瞰图：透视图就是人们站在一个地方所看到的真实画面的视图。视点较高，如同飞鸟在空中往下看的透视图称为鸟瞰图。这种图能够帮助人们了解项目的整体面貌，但在透视图上不便标注各部分的长、宽和高的尺寸，所以透视图不能当施工图用。

植物种植配置图：表示植物的配置面积、种植位置，具有详细的植物图例信息。

分析图：为了更清楚地表达设计意图，可以在小比例的平面图上作简明直观的分析图，如功能分区分析、人车流线分析、视线分析等。分析图可以简要地说明设计的思路和设计达到的某些效果。

3. 景观方案设计文件的规范与深度要求

1）景观方案初步设计文件深度规定

（1）初步设计文件根据已批准的方案设计文件和相关意见书进行编制，由设计说明书（包括设计总说明书和各专业及专篇的设计说明书）、设计图纸和工程概算书三部分组成。初步设计文件的编排顺序为：①封面；②扉页；③初步设计文件目录；④设计说明书；⑤图纸；⑥工程概算书（包括技术经济指标）。

在初步设计阶段，各专业应对本专业内容的设计方案或重大技术问题的解决方案进行综合技术经济分析，论证技术上的适用性、可靠性和经济上的合理性，并将其主要内容写进本专业或相关专业的初步设计说明书中。

（2）初步设计文件的深度应满足景观工程审批的要求：

①应符合已审定的方案设计；

②能据此确定土地征用范围；

③能据此进行施工图设计；

④能据此进行施工招标准备。

2）景观方案初步设计文件表达要求

（1）设计说明书应包括的内容。

①设计依据和基础资料。摘述选址报告、用地范围、对外协议（如征地的初步协议书）以及方案设计文本中与本专业设计有关的内容；设计采用的指标和设计标准；有关主管部门对本工程的规划许可技术条件、红线及用地范围、绿化系数、建筑容积率、环境指标、空间处理、交通组织、环境保护、文物保护、分期建设等的要求。

②场地概述。说明场地周围环境、市政基础设施配套和供应情况，与当地能源、水电、交通、公共服务设施等的相互关系；概述场地地形起伏，丘、川、塘等状况（如位置、流向、水深、最高最低标高、总坡向、最大坡度和一般坡度等）；描述场地内外建（构）筑物分布情况，场地内原有建筑物、构筑物，包括树木、文物古迹等的保留、拆除和搬迁情况；与总平面布置有关的因素，如地震、植被覆盖情况、汇水面积、小气候影响、洪水位等的摘要叙述。

③总平面布置。说明如何因地制宜地根据地形、地质、朝向、风向、防火、卫生、交通以及环境保护等要求布置总平面。设计时应考虑的方向包括：总平面布置的功能分区，近、远期规划结合意向图，发展用地规划，出入口、停车场的布置，停车数量的确定，有关环境设计、建筑小品和绿化布置等。

④竖向设计。说明决定竖向设计的依据，如运输、地形、排水、洪水位情况以及土石方平衡、取土或弃土地点、场地平整方法等。说明竖向布置方式（平坡式或台阶式）、地表雨水排除方式（明沟或暗管系统）等。

⑤交通组织。说明人流、车流和货流等主要出入口的布置;说明道路的主要设计技术条件,如主干道、次干道的路面宽度,标准横断面形式,路面结构,转弯半径,最大纵坡以及桥涵的类型、长度、孔径、跨度与结构形式。

⑥绿化种植设计。说明场地种植土质特征和植被覆盖特点;说明植物种植原则和绿化环境效果;说明对场地原植树种的保留和利用措施;说明适种植物的选用原则;提出植物保护和养护的要求。

⑦主要技术经济指标和工程量。此项可列在总平面图上。

⑧提出在设计审批时需解决或确定的主要问题,特别是涉及总平面设计中的指标和标准方面有待解决的问题时,应详细阐述其情况和建议处理办法。

(2)设计图纸应包括的内容。

①总平面图。

a. 地形和地物。

b. 测量坐标网、坐标值;场地施工坐标网、坐标值(或注尺寸)、规划红线。

c. 建筑物、构筑物(人防工程、地下车库、储水池等隐蔽工程以虚线表示)、出入口、围墙的位置。

d. 道路和排水沟的主要坐标(或相互关系尺寸)。

e. 停车库(场)、消防登高场地、绿化和建筑小品的布置示意。

f. 指北针、风玫瑰图。

g. 主要技术经济指标和工程量表。

h. 说明栏内应有尺寸单位、比例、场地施工坐标网和测量坐标网的关系,补充图例及其他必要的说明等。

②标高平面图。

a. 场地施工坐标网、坐标值(或注尺寸)。

b. 建筑物、构筑物的名称(或编号)、室内外设计标高。

c. 场地外围的道路、河渠或地面的关键性标高。

d. 道路、排水沟的起点、变坡点、转折点和终点等设计标高。

e. 用坡向箭头表示地面坡向。

f. 指北针。

g. 说明栏内有尺寸单位、比例。

当工程简单时,此图可与总平面图合并绘制。

③种植布置图。

乔木布置图:乔木自由式种植的设计图,宜将各种植物按平面图中的图例绘制在所设计的种植位置上,并应以圆点表示出树干位置。树冠大小按成龄后的冠幅绘制。乔木规则式种植的设计图,单株或丛植的植物宜以圆点表示种植位置。

灌木布置图:单株或丛植的植物宜以圆点表示种植位置;蔓生和成片种植的植物,用细实线绘出种植范围;草坪用小圆点表示,小圆点应绘得有疏有密,凡在道路、建筑物、山石、水体等边缘处应密,然后逐渐稀疏。

苗木表:列表说明所设计的植物编号、树种名称、拉丁文名称、单位、数量、规格等。

④道路、排水沟、挡土墙等标准横断面图，注明主要尺寸和用料。

⑤对大型工程及特殊情况，必要时可做模型或鸟瞰图，供设计审批时参阅。

（3）工程概算书主要包括概算编制说明、概算书以及钢筋、木材、水泥等主要材料表。

四、工作步骤

步骤一：以景观项目现状CAD图纸为基础，绘制区位图。主要表达景观项目所在的位置，反映景观项目与周边道路和地块的关系。

步骤二：绘制场地现状条件分析图。主要用于表达景观项目场地外围建筑与景观的现状，包括对自然条件或地形条件的利害分析。例如：原有地形、植被状态；原有水系、范围和走向；原有古树、名木和文物的位置和保护范围；需要保护的其他地物（如市政管线等）。

步骤三：绘制总平面图。包括景观项目设计范围内的整体布局和景观项目与周边环境关系的示意，水系和道路系统的分布。例如：植物配置、场地内道路系统布置、地上停车场位置；各景观组成元素的位置、名称（如水景、铺装、景观建筑、小品和种植范围等）；主要地形设计标高或等高线等。

步骤四：绘制立面图。对于有高差设计的部分，可将其与建筑和道路的关系通过局部立面图表达。

步骤五：绘制主要或局部剖面图。若景观项目范围内地形变化较大，高差结构比较复杂，需要用剖面图示意高差及其结构。

步骤六：绘制景观效果图和空间节点分析图。主要表达景观项目内景观节点的相互关系，如视线和道路是否通达。可采用手绘或计算机制图的方式来表达。

步骤七：绘制透视图和鸟瞰图。主要表现景观项目建成后的预期效果，透视图一般选取景观项目的重要空间位置进行表现，鸟瞰图是整个景观项目的俯视效果的表现。

步骤八：绘制景观功能分析图。主要表达景观项目内功能分区的情况，突出标明各类功能分区，如供观赏的主要景点、供休闲的各类场地，以及儿童游乐场、运动场、停车场等不同功能的场地。通常以不同色块区分不同的功能区。

步骤九：撰写设计说明。主要用于阐释设计意图、构思过程和设计要点。具体包括分析景观项目的现状条件，确定设计主题、立意和特色，确定设计依据和原则。其他专项设计可以结合设计图纸分项说明。

五、考核标准

能够创新景观设计理念，能够制作景观项目初步设计方案文本，能够绘制景观项目初步设计图纸等设计文件。

六、任务模拟练习题

以真实景观实践项目为依据（所在公司正在进行的项目或教师提供的景观设计任务书），进行景观项目初步方案设计，制作景观项目初步设计方案文本，绘制景观项目初步设计图纸等设计文件。

任务六：景观设计项目深化设计

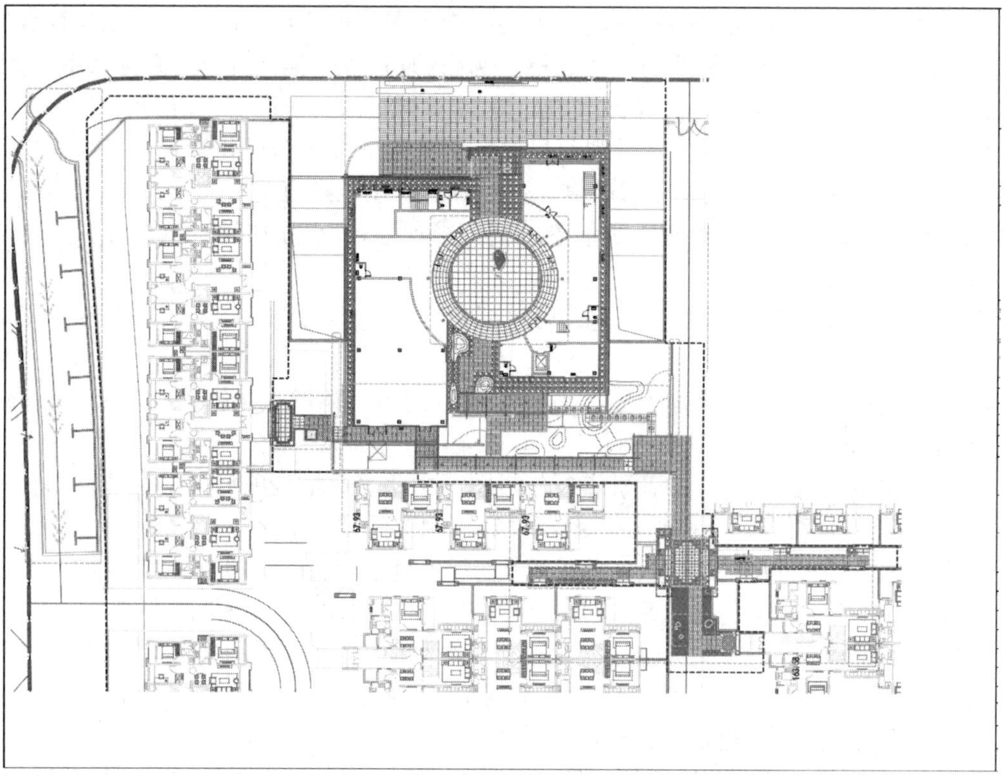

工作活动1：景观项目方案扩初设计

一、工作内容

整理专家、业主以及其他设计人员在前期方案交流时提出的意见和建议。通过自我审查和对比优秀案例，修改方案中欠妥的部分。对景观项目设计方案进行扩初设计，包括规划平面图、功能分析图、绿化种植设计图、小品设计图、全景透视图和局部景观透视图及各分项设计的文字和数据说明部分。编制一套完整的景观设计方案文本。

二、工作活动综合素质要求

具备较强的设计沟通与适应能力。具备严谨的工作态度与精神。充分掌握景观项目方案扩初设计所需要的专业知识。具备景观设计各类计算机辅助绘图软件应用能力，包括 AutoCAD、Photoshop、SketchUp、Lumion、3Dmax、InDesign 等软件应用能力。

三、工作中用到的知识点

1. 方案交流与修改

方案交流是检验设计人员所设计方案的一种手段而不是目标。进行方案交流的目的是修改、完善所设计的方案。景观设计从方案构思开始，接下来要结合搜集到的原始资料，对表现方案构思的草图进行补充、修改，逐步明确规划中的入口、广场、道路、水体、绿地和建筑小品等各元素的具体位置。经过初次修改，整个规划在功能上会趋于合理，在构图形式上会符合园林景观设计的基本原则。经过初次修改后的规划构思，还不是一个完全成熟的方案。设计人员此时应该虚心好学、集思广益，多渠道、多层次地听取各方面的建议，不但要向经验丰富的设计师请教方案的修改意见，还要虚心向中青年设计师讨教。多学习其他人的设计经验并与之交流、沟通，往往能使整个方案更富有新意与活力。

2. 景观项目方案扩初设计阶段注意要点

1）景观规划与构思中的区域划分

对功能设定整体布局，确定基地的土地利用、场所功能与空间的划分。功能区域划分还包括对各区域内景观设施内容的确定，对各景观要素间组织关系的确立，如娱乐设施与服务设施、绿化与道路的关系等。

2）景观的功能组织

功能分区确定后，要确定各功能区的具体内容。

（1）交通。入口广场、主干道、次干道、步行道、停车场、公交车站和路牌等。

（2）活动场地。儿童游戏区、老人活动区、健身区和中心广场等。

（3）公共服务。电话亭、垃圾桶和卫生间等。

（4）绿化。行道树、花坛、草地和树林等。

3）景观空间的营造

常用的景观空间的营造手法有重复、过渡、渗透等。

四、工作步骤

步骤一：整理专家、业主以及其他设计人员在方案交流时提出的意见和建议，包括内容的修改、添加、删除，投资规模的增减，用地范围的变动等。

步骤二：针对反馈信息，对方案进行调整、修改和补充。通过自我审查和对比优秀案例，修改方案中欠妥的部分。

步骤三：深化设计总平面图。保证彩平图上的所有设计内容比例准确、结构清晰、相应的材质质感表现到位，同时保证色彩具有整体性，色彩饱和度相对统一，不要出现过于不和谐的色彩图形。充分运用图例、文字标注、尺寸标注、图纸说明准确表达设计信息,使图面既有创新性又不失规范性。

步骤四:深化设计全景透视图和局部景观透视图。要求准确完整地表现被设计景观空间内的所有细节元素,包括道路铺装的材质与结构、排版与衔接工艺,水景池壁构造细节,种植池收边设计,树池座椅结构,植物配置准确的种类、形态、色彩及其相互关系,真实又兼具艺术美感的光影关系,并保证构图具有空间表现力。

步骤五: 深化设计立面图。准确表现垂直向景观元素的空间关系、结构构造、色彩形态,确保其与平面图上的索引位置一致。相对标高尺寸标注清晰,图面简洁明了、比例准确。

步骤六: 深化设计主要局部剖面图。除景观元素构造外,还需要绘制构造剖面示意图,以便施工图绘制人员充分理解景观设计员的设计意图。

步骤七:深化小品设计图。确保造型准确、尺寸无误、材质构造清晰,与景观设计整体风格统一,又兼具艺术创新特性。

步骤八:深化绿化种植设计图。清晰准确地表达植物配置设计意图,配合植物配置明细表,做到种类明确、规格清晰、数量准确。

五、考核标准

能够整理专家、业主以及其他设计人员在方案交流时提出的意见和建议。能够对景观项目设计方案进行扩初设计。编制一套完整的景观设计方案文本。

六、任务模拟练习题

以本书任务五中工作活动 2 后面的任务模拟练习题为基础,进行景观项目方案扩初设计, 编制一套完整的景观设计方案文本。

工作活动 2: 景观项目施工图设计

一、工作内容

与景观项目设计人员沟通,根据已批准的景观设计方案进行施工图设计,包括施工总平面图、竖向设计施工图、园林建筑施工图、道路广场施工图、种植设计施工图、水系设计施工图、各种管线设计施工图以及假山、雕塑、栏杆、标牌等小品设计施工详图。

二、工作人员综合素质要求

具备丰富的制图知识,熟练掌握计算机辅助绘图软件的使用方法,掌握景观材料构造与施工工艺知识,熟知各类景观项目的相关规范要求。

三、工作中用到的知识点

1. 景观施工图的定义与作用

景观施工图以施工图纸的形式传达设计意图、施工工艺、材料与构造、技术指标等相关内容。景观施工图是进行工程量核算、制定工程预算书、安排施工材料，根据图纸安排工期、景观施工、组织验收等活动的重要依据。

2. 景观设计施工图内容

（1）封面。封面包括项目名称、图纸类别（施工图、方案图、竣工图等，如包含多个分册，应注明所属分册名称）、设计单位名称、完成时间、工程项目编号等信息。

（2）目录。景观专业施工图图纸目录一般参照以下顺序编制，内容依次是景观设计说明、总图、竖向设计图、放线图、索引图、分区图、节点详图、铺装详图。

（3）总说明书。总说明书是初步设计说明书的进一步深化，应该写明设计的依据、设计对象的地理位置和自然条件、景观绿地设计的基本情况、各种景观工程的论证叙述、景观建成后的效果分析等。此外，各专业图纸还需要专项说明，如土建及其结构设计说明、给排水设计说明、电气设计说明、绿化种植设计说明等。

（4）总图部分。总图部分需要交代清楚设计的总体效果。在总图设计阶段，要对整个场地进行全局设计和控制，主要包括总平面图、索引图、竖向图、放线图、铺装图、绿化种植图等设计内容。

（5）分区图部分。大型景观项目由于总平面图比例尺为 1∶1 000 或更小，不能清晰地表达各主要节点的设计内容和设计细节，因此需划分成不同区域，对各主要节点进行详细表达。分区图纸类别与总图相似，包括分区总平面图、索引图、放线图、竖向设计图等。

（6）土建详图部分。土建详图主要是通过平面图、立面图、剖面图等图示方法，详细表达景观项目场地内的景观建筑、景观小品、道路铺装等要素的具体施工方法、尺寸、材质、施工工艺等内容的图纸。

（7）管线设计部分。这部分主要表现出给水（生活、消防、绿化、市政用水）、排水（雨水、污水）、暖气、煤气、电力、电信等各种管网的位置、规格、埋深等。

（8）电气部分。这部分需要考虑总用电量、用电利用系数、分区供电设施、配电方式、电缆的敷设以及各区各点的照明方式。同时还要考虑广播、通信位置，并在电气初步设计的基础上标明园林用电设备、灯具等的位置和电缆走向等。

（9）编制预算。在施工设计中编制预算既是实行工程总承包的依据，也是控制造价、签订合同、拨付工程款项、购买材料的依据，还是检查工程进度、分析工程成本的依据。预算包括直接费用和间接费用。直接费用包括人工、材料、机械、运输等费用；间接费用按直接费用的百分比计算，包括设计费用和管理费用。

3. 景观设计施工图绘制规范

1）图线

（1）线型与线宽。《房屋建筑制图统一标准》（GB/T 50001—2017）规定工程建设图应选用表 6-1 中所规定的线型。图线的宽度 b，宜从下列线宽系列中选取：1.4 mm、1.0 mm、0.7 mm、0.5 mm（表 6-1）。

（2）图线的画法。

①在同一张图纸内，相同比例的各图样，应选用相同的线宽组。

②相互平行的图线，其间隙不宜小于其中粗线的宽度，且不宜小于 0.2 mm。

③虚线、单点长画线或双点长画线的线段长度和间隙，宜各自相等。

④当图形较小，画单点长画线或双点长画线有困难时，可用实线代替。

⑤单点长画线或双点长画线的两端不应是点，点画线与点画线交接或点画线与其他图线交接时，应是线段交接。

⑥虚线与虚线交接或虚线与其他图线交接时，应采用线段交接。虚线为实线的延长线时，不得与实线相接。

⑦图线不得与文字、数字或符号重叠、混淆，不可避免时，应首先保证文字等的清晰。

表 6-1 图线

名称		线型	线宽	一般用途
实线	粗		b	主要可见轮廓线
	中		$0.5b$	可见轮廓线、尺寸线
	细		$0.25b$	图例填充线、家具线
虚线	粗		b	见各有关专业制图标准
	中		$0.5b$	不可见轮廓线、图例线
	细		$0.25b$	图例填充线、家具线
单点长画线	粗		b	见各有关专业制图标准
	中		$0.5b$	见各有关专业制图标准
	细		$0.25b$	中心线、对称线、轴线等
双点长画线	粗		b	见各有关专业制图标准
	中		$0.5b$	见各有关专业制图标准
	细		$0.25b$	假想轮廓线、成型前原始轮廓线
折断线			$0.25b$	断开界线
波浪线			$0.25b$	断开界线

2）索引

在绘制施工图时，为了便于查阅，需要详细标注和说明的内容应标注索引。索引符号为直径为 10 mm 的细实线圆，过圆心作水平细实线将细实线圆分为上下两部分，上半圆中标注详图编号，下半圆中标注详图所在图纸的编号。当涉及标准图集的索引时，下半圆中标注详图所在图集中的页码，上半圆中标注详图所在页码中的编号，并应在引线上标注该标准图集的编号。如果用索引符号索引剖面详图，则应在被剖切部位用粗实线标出剖切位置和方向，粗实线所在的一侧即为剖视方向。被索引的详图编号应与索引符号编号一致。详图编号常注写在直径为 14 mm 的粗实线圆内。

3）计量单位

总图中的坐标、标高、距离宜以米为单位，并应至少取至小数点后两位，不足时以“0”补齐。详图宜以毫米为单位，如不以毫米为单位，应另加说明。建筑物、构筑物、铁路、道路方位角（或方向角）和道路转向角的度数，宜注写到“秒”，特殊情况应另加说明。铁路纵坡度宜以千分计，道路纵坡度、场地平整坡度、排水沟沟底纵坡度宜以百分计，并应取至小数点后一位，不足时以“0”补齐。

4）坐标注法

总图应按上北下南的方向绘制。根据场地形状或布局，可向左或右偏转，但不宜超过45°。总图中应绘制指北针或风玫瑰图。坐标网格应用细实线表示。测量坐标网应画成交叉十字线，坐标代号宜用“X、Y”表示；建筑坐标网应画成网格通线，坐标代号宜用“A、B”表示。坐标值为负数时，应注“-”号；为正数时，“+”号可省略。X 为南北方向轴线，X 的增量在 X 轴线上；Y 为东西方向轴线，Y 的增量在 Y 轴线上；A 轴相当于测量坐标网中的 X 轴，B 轴相当于测量坐标网中的 Y 轴。

当总平面图上有测量和建筑两种坐标系统时，应在附注中注明两种坐标系统的换算公式。

表示建筑物、构筑物位置的坐标，宜注其 3 个角的坐标；如建筑物、构筑物与坐标轴线平行，则可注其对角坐标。

在同一张图上，当主要建筑物、构筑物用坐标定位时，较小的建筑物、构筑物也可用相对尺寸定位。

坐标宜直接标注在图上，如图面无足够位置，也可列表标注。

在同一张图上，如坐标数字的位数太多，则可将前面相同的位数省略，其省略位数应在附注中加以说明。

5）标高注法

标高标注有以下两种形式。

（1）将某水平面（如室内地面）作为起算零点，主要用于个体建筑物图样上。标高符号为细实线绘制的倒三角形，其尖端应指至被标注的高度，倒三角形的水平引出线为数字标注线。标高数字应以米为单位，应写到小数点以后第三位。

（2）以大地水准面或某水准点为起算零点，多用在地形图和总平面图中。标注方法与第一种相同，但标高符号宜用涂黑的三角形表示，标高数字可注写到小数点以后第三位。

总图中标注的标高应为绝对标高。若标注相对标高，则应注明相对标高与绝对标高的换算关系。

建筑物、构筑物、铁路、道路、管沟等应按以下规定标注有关部位的标高。

①建筑物室内地坪，标注建筑图中 ±0.000 处的标高；对不同高度的地坪，分别标注其标高。

②建筑物室外散水，标注建筑物四周转角或两对角的散水坡脚处的标高。

③构筑物标注其有代表性的标高，并用文字注明标高所指的位置。

④道路标注路面中心交点和变坡点的标高。

⑤挡土墙标注墙顶和墙趾标高，路堤、边坡标注坡顶和坡脚标高，排水沟标注沟顶和沟底标高。

⑥平整场地标注其控制位置标高，铺砌场地标注其铺砌面标高。

⑦标高符号应按《房屋建筑制图统一标准》（GB/T 50001—2017）中"标高"一节的有关规定标注。

6）坡度标注

坡度常用百分数、比例或比值表示。坡向采用指向下坡方向的箭头表示，坡度百分数或比例数字应标注在箭头的短线上。用比值标注坡度时，常用倒三角形标注符号，铅垂边的数字常定为1，水平边上标注比值数字。

7）曲线标注

简单的不规则曲线可用截距法（又称坐标法）标注，较复杂的曲线可用网格法标注。用截距法标注时，为了便于放样或定位，常选一些特殊方向和位置的直线，如将定位轴线作为截距轴，然后用一系列与之垂直的等距平行线标注曲线。用网格法标注较复杂的曲线时，所选用网格的尺寸应能保证曲线或图样的放样精度。精度越高，网格的边长越短。尺寸的标注符号与直线相同，但因短线起止符号的方向有变化，故尺寸起止符号常用小圆点表示。

8）尺寸的简化标注

连续排列的等长尺寸，可用"等长尺寸 × 个数＝总长"的形式标注。

构配件内的构造因素（如孔、槽等）如相同，可仅标注其中一个因素的尺寸。

当对称构配件采用对称省略画法时，该对称构配件的尺寸线应略超过对称符号，仅在尺寸线的一端画尺寸起止符号，尺寸数字应按整体全尺寸注写，其注写位置宜与对称符号对齐。

当两个构配件的个别尺寸数字不同时，可在同一图样中将其中一个构配件的不同尺寸数字注写在括号内，该构配件的名称也应注写在相应的括号内。

9）引出线

引出线宜采用水平方向或与水平方向成30°、45°、60°、90°角的细实线，文字说明可注写在水平线的端部或上方。索引详图的引出线应对准索引符号圆心，同时引出几个相同部分的引出线可互相平行或集中于一点。路面构造、水池等多层标注的共同引出线应通过被引的诸层。文字可注写在端部或上方，其顺序应与被说明的层次一致。竖向层次的共同引出线的文字说明应按从上至下的顺序注写，且其顺序应与从左至右被引注的层次一致。

10）图形比例

工程图样中的建筑物或机械图中的机械零件，都不能按其实际大小画到图样上，需按一定的比例放大或缩小，园林制图也一样。图形与实物相对的线性尺寸之比称为比例。比例的大小，是指比值的大小，如1∶50大于1∶100。

比例的选择，应根据图纸的用途和复杂的程度确定，并优先选用常用比例，见表6-2。

表 6-2 常用比例

图 名	比 例
地理、交通位置图	1 : 25 000~1 : 20 000
总体规划、总体布置、区域位置图	1 : 2 000、1 : 5 000、1 : 10 000、1 : 25 000、1 : 50 000
总平面图、竖向布置图、管线综合图、土方图、排水图、道路平面图、绿化平面图	1 : 500、1 : 1 000、1 : 2 000
道路纵断面图	垂直:1 : 100、1 : 200、1 : 500 水平:1 : 1 000、1 : 2 000、1 : 5 000
道路横断面图	1 : 50、1 : 100、1 : 200
场地断面图	1 : 100、1 : 200、1 : 500、1 : 1 000
详图	1 : 1、1 : 2、1 : 5、1 : 10、1 : 20、1 : 50、1 : 100、1 : 200

11）图纸幅面规格与图纸编排顺序

（1）图纸幅面规格。图纸幅面和图框尺寸应符合《房屋建筑制图统一标准》（GB/T 50001—2017）的规定。

图纸的短边一般不应加长，长边可加长。

图纸以短边作为垂直边称为横式，以短边作为水平边称为立式。一般，A0~A3 图纸宜横式使用，必要时，也可立式使用。

在一个工程设计中，每个专业所使用的图纸，一般不宜多于两种幅面（不含目录和表格所采用的 A4 幅面）。

（2）图纸编排顺序。工程图样应按专业顺序编排。一般应为图纸目录、总图、竖向设计图、绿化种植图、园林图、建筑图、结构图、给水排水图、暖通空调图、电气图等。各专业的图纸，应该按图纸内容的主次关系、逻辑关系，有序排列。

4. 景观设计方案施工图深度要求

1）施工图设计文件深度规定

施工图设计应根据已批准的初步设计方案进行编制，内容以图纸为主，应包括封面、图纸目录、设计施工说明、图纸和工程预算书等。

施工图设计文件以子项为编排单位，各专业的工程计算书（包括计算机辅助设计的计算资料）应经校审、签字后，整理归档。

施工图设计文件的深度应满足下列要求：能据此编制施工图预算和施工招标，安排材料、设备订货和非标准设备的制作，进行施工和安装，进行工程验收。

2）施工图设计文件表达要求

（1）图纸目录：应先列新绘制的图纸，后列选用的标准图或重复利用图。

（2）设计说明：一般工程的设计说明可分别写在有关的图纸上，当重复利用某项工程的施工图图纸及其说明时，应详细注明其编制单位、资料名称、设计编号和编制日期。

（3）设计图纸。

①总平面图中应标明：地形地物；测量坐标网、坐标值；场地施工坐标网、坐标值；场地四界的测量坐标和施工坐标（或注尺寸）；道路和排水沟等的施工坐标或相互关系尺寸；路面

宽度和平曲线要素；指北针、风玫瑰图。说明栏内容包括施工图的设计依据、尺寸单位、比例，高程系统、施工坐标网与测量坐标网的相互关系以及补充图例等。

②竖向设计图中应标明：场地施工坐标网、坐标值；场地外围的道路、河渠或地面的关键性标高；道路和排水沟的起点、变坡点、转折点和终点等的设计标高（道路标注在路面中心、排水沟标注在沟底）、纵坡度、纵坡距、纵坡向、平曲线要素、竖曲线半径、关键性坐标。道路注明单面坡或双面坡；挡土墙、护坡或土坎等构筑物的顶部和底部的设计标高；用坡向箭头标明设计地面的坡向，当对场地平整要求严格时，应用高差为 0.10~ 0.20 m 的设计等高线表示地面起伏情况；指北针。说明栏内容包括尺寸单位、比例、高程系统的名称、补充图例等。当工程简单时，竖向设计图可与总平面图合并绘制。当路网复杂时，应按上述有关技术条件等内容单独绘制道路平面图。

③种植布置图。

a. 上木布置图。自然式种植的设计图，为了便于区别树种、计算株数，应将不同树种统一编号并标注在树冠图例内。同时，宜用与设计平面图、地形图同样大小的坐标网确定种植位置。规则式种植的设计图，尽量将同一树种以粗实线连接起来，并用索引符号注明树种编号。索引符号用细实线绘制，圆圈的上半部注明植物编号，下半部注明数量，尽量排列整齐使图面清晰。对某一原有地上物，宜用标注株行距的方法，确定种植位置。

b. 下木布置图。单株或丛植的植物宜以圆点表示种植位置；蔓生和成片种植的植物，用细实线绘出种植范围；草坪用小圆点表示。宜用与设计平面图、地形图同样大小的坐标网确定种植位置。

c. 苗木表。列表详细说明、统计所设计的植物编号、树种名称（必要时注明拉丁文名称）、单位、数量、规格、种植要求等。

（4）建筑小品设计中应标明：在总平面中的布置；建筑小品的位置、坐标（或与建筑物、构筑物的距离尺寸）、设计标高；建筑小品的平面图、立面图、剖面图；指北针；说明栏内应标明尺寸单位、比例、图例、施工要求等。

（5）详图中应标明道路横断面、路面结构、水泥混凝土路面分格、小桥涵、挡土墙、护坡、建筑小品、体育运动场地等详图。

（6）计算书（供内部使用）应标明设计依据、简图、计算公式、计算过程和成果资料等。这些均作为技术文件归档。

（7）工程预算书：由业主另行委托编制。应由原设计单位或具有相应资质的工程造价咨询单位编制，并与已批准的初步设计概算进行核对，其造价应控制在批准的概算造价之内。

四、工作步骤

步骤一：绘制景观项目施工图封面。要求信息完整，排版精致并符合规范要求。

步骤二：绘制景观项目施工图目录。在制作目录时可以根据项目特征或具体施工需要进行取舍。

步骤三：绘制总平面图。总平面图要表明各种设计因素的平面关系和它们的准确位置，放线坐标网、基点、基线的位置。施工总平面图常规内容包括：保留的现有地下管线（红色线表示），建筑物、构筑物、主要现场树木（用细线表示），设计的地形等高线、高程数字、山石和水体（用粗黑线外加细线表示），建筑物和构筑物的位置（用黑线表示），道路广场、园灯、园椅、果皮箱等（中粗黑线表示）。

步骤四：绘制平面索引图。平面索引图用于指引施工详图所示内容的具体位置。编制图号索引，可使各景观节点和做法一一对应，便于查看。

步骤五：绘制铺装平面索引图。主要目的是区分场地内硬质铺装不同材料、不同铺装方式的范围。

步骤六：绘制放线图。放线图是施工中对铺装、小品、园林建筑、水体及其他设施定位的依据，以保证定位准确，通常采用百格网配合尺寸标注的方式进行定位。

步骤七：绘制竖向设计图。竖向设计图包括竖向设计平面图和竖向设计剖面图。竖向设计平面图用于控制最高点或者某些特殊点的坐标及其标高，如道路的起点、变坡点、转折点和终点等的设计标高（道路在路中、阴沟在沟顶和沟底），横纵坡度、横纵坡向、纵坡距、排水方向、平曲线要素、竖曲线半径、关键点坐标，建筑物、构筑物的室内外设计标高，挡土墙、护坡或土坡等构筑物的坡顶和坡脚的设计标高，水体驳岸、岸顶、岸底标高，池底标高，水面最低、最高和常水位。若有地形塑造设计，则需绘制地形等高线，等高线的等高距一般取0.25~0.5 m。

步骤八：绘制绿化种植设计平面图。绿化种植设计平面图用以表达植物配置、树木的种植形式、种植位置、树种、株数等。树丛、树群、花坛应配以透视图。

根据树木种植设计，在施工总平面图的基础上，用设计图例绘出常绿阔叶乔木、落叶阔叶乔木、落叶针叶乔木、常绿针叶乔木、落叶灌木、常绿灌木、整形绿篱、自然形绿篱、花卉、草地等具体位置，以及标注它们的种类、数量、种植方式、株行距等搭配信息。同一幅图中树冠的表示方法不宜太多，花卉绿篱的图示也应该简明统一，针叶树可重点突出，保留的现状树与新栽的树应该加以区别。复层绿化时，用细线画大乔木树冠，用粗一些的线画冠下的花卉、树丛、花台等。树冠的尺寸大小应以成年树为标准，如大乔木 5~6 m、孤植树 7~8 m、小乔木 3~5 m、花灌木 1~2 m、绿篱宽 0.5~1 m，种名、数量可在树冠上注明。如果图纸比例小，不易注字，可用编号的形式标注，但要在图纸上注明编号、树种名、数量对照表。成行树要注明每两株树之间的距离。图纸绘制完成后，应对场地内的植物进行统计，编制苗木表。苗木表主要由植物名称、数量、规格以及备注栏组成。名称栏要标注中文以及拉丁文名称；规格栏应详细标注植物的设计规格要求，乔木主要控制胸径、冠幅、高度、分枝点高度等，灌木主要控制高度、冠幅、主枝数量等，地被植物主要规定种植密度、苗龄、每株植物的芽点数等；数量栏标注场地范围内植物的设计数量，乔灌木标明株数，地被植物标明种植面积；备注栏标注其他未尽事项。苗木表内还可以标明植物种植时以及养护管理时的形状姿态、整形修剪形式、特殊造型要求等相关内容。

步骤九：绘制分区图纸。分区图纸绘制要求与总图要求一致，需要注意的是在总图中要清晰地标出分区图纸及其索引图号。

步骤十：绘制详图。景观工程施工图中详图包括铺装细部详图、景观建筑详图、水景细部详图、景观小品详图、种植细部详图等。绘制详图时要清晰表达景观要素的具体结构构造、施工工艺、形状尺寸、材质处理方法等信息，以便准确指导施工。

步骤十一:绘制管线设计施工图。绘制管线设计施工图时,要准确表达管线和管井的具体位置、坐标,并标明每段管线的长度、管径、高程以及如何接头等。

步骤十二:绘制电气设计施工图。一般需要由电气设计人员进行绘制。

五、考核标准

能够有效地与景观项目设计人员沟通,根据已批准的景观设计方案进行施工图设计,包括施工总平面图、竖向设计施工图、园林建筑设计图、道路广场施工图、种植设计施工图、水系设计施工图、各种管线设计施工图以及假山、雕塑、栏杆、标牌等小品设计施工详图。

六、任务模拟练习题

以景观设计实践项目中已批准的、完整的景观设计方案文本为依据,进行景观项目施工图设计, 编制一套完整的景观设计方案施工图。

任务七：景观设计项目工程协调

工作活动1：现场交底

一、工作内容

明确现场交底的目的和依据，组织设计交底与图纸会审会，向施工人员进行书面交底、施工样板交底、技术岗位交底，详细记录现场交底会内容。

二、工作人员综合素质要求

掌握施工前期现场交底的目的，掌握现场交底的内容和要求，掌握现场交底的实施办法。

三、工作中用到的知识点

1. 现场交底的目的

在景观工程从施工图逐渐变成景观工程实体的过程中，参与工程施工的每一个技术人员，都可以通过现场交底，了解自己负责的分项工程的具体工作内容、操作方法、施工工艺、质量标准和安全注意事项等，从而做到任务明确，心中有数。现场交底，使各工种之间的配合协作和工序衔接井井有条，使参加施工的各专业人员思路一致，达到有序施工、全面贯彻设计要求、最大限度避免施工中出现失误、减少各种质量问题、提高景观施工质量的目的。

作为景观设计员，其责任是使项目各专业之间进行良好的协调与配合，从而使项目的施工质量得到良好的控制和保证。景观设计员应在施工过程中起到协调和指导的作用，使工程顺利地进行，防止因返工而造成经济损失或影响工期，甚至带来质量问题和安全隐患。由此可见，设计人员参与工程施工中各专业的协调管理工作是非常重要的。

作为工程的设计人员，首先要从对客户负责的角度认识问题，其次要从履行合同的责任和义务的角度，认真对待协调问题。同时，从提高行业标准、施工和管理水平上讲，设计人员参与施工协调工作也是十分必要的。

2. 现场交底的依据

现场交底的依据是由国家评审单位审核通过或由客户方负责人审核通过的、正式出具的全套施工蓝图。施工图纸是施工单位和监理单位开展工作最直接的依据。现场交底是施工开始的第一步。

3. 设计交底与图纸会审会议的组织和程序

1)人员组织

(1)设计单位参加人员，包括项目负责人、土建和安装(给排水、电、暖通等)工程设计人。其主要职责是向与会人员全面解释设计文件，介绍设计特点并提出对施工的技术要求，对具体的施工做法进行技术答疑，与施工技术部门共同探讨工程施工的适宜性和可操作性。

(2)施工单位参加人员，包括项目经理、技术负责人、各专业施工人员、预算人员。其主要职责是熟悉设计文件，介绍施工组织计划和具体施工办法，提出施工条件，与参会人员讨论施工的现实性和可操作性。

(3)代表客户方的开发公司参加人员，包括工程部、经济部技术人员。其主要职责是代表建设单位的利益、以业主身份了解项目发展的全过程，对业主应当承担的责任做出承诺和解释，对业主应完成的工作，特别是前期工作和基地准备工作、处理基地与领边的关系，提供必要的资料和处理意见。

(4)监理公司参加人员，包括项目总监或总监代表，各专业监理工程师、造价师、记录人员。其主要职责是依法监理施工全过程，正确处理施工与业主、施工与设计、施工分包之间的关系，保证依法施工，按图施工。

2)看图读图

客户拿到审核通过的景观施工设计图纸后，将图纸下发给与会的相关负责人、监理方、施工方，对施工图进行交底前的看图与读图。看图属于把握总体设计内容，读图则属于具体对设计节点与详图的理解。在进行设计交底和会审前，必须了解和熟悉图纸。

3）会议组织

由业主牵头，组织设计方、监理方、施工方以及甲方相关专业负责人参加施工图设计交底会。按《建设工程监理规范》要求，项目监理人员应参加由建设单位组织的设计技术交底会。一般情况下，在施工现场交底会上，业主方的问题多涉及总体上的协调、衔接。对于设计交底与图样会审会议，项目总监理工程师或总监代表负责组织、主持，监理部和各专业施工单位（含分包单位）分别编写会审记录，监理部汇总和起草会议纪要，总监理工程师应对设计技术交底会会议纪要进行签字确认，并提交建设、设计和施工单位会签。

4）设计人员交底会准备与设计介绍

首先，景观工程设计负责人和专业负责人必须准时参加交底会。其次，准备设计介绍文件提纲和自查设计文件。通常，设计人员手上有多项工程项目设计同时进行，所以设计人员在接到项目工程设计交底会通知之后，应认真阅读设计文件，再次熟悉设计依据，准备设计介绍的提纲。设计负责人更要准备设计总体的介绍发言，完整介绍设计意图和对施工的技术要求。设计人员应自查设计文件，并进行专业协调，对设计图纸的缺漏、棘手问题进行修正和补充。这些修正和补充应形成书面技术文件（如技术图纸和技术备忘录等）。再次，解答施工单位事先提交的技术问题。施工单位拿到设计文件后，从实施的角度审查设计文件，在理解、适应施工等方面对设计文件提出要求和各种技术问题。依据惯例，这些要求和技术问题应在交底会召开之前提交给设计方，由设计方在交底会上解答。

设计介绍应当明确地表述设计思想、设计意图、设计目的和技术要求。设计介绍应是有构架、有层次的，通过设计人员的介绍，应能完整展示设计的效果，必要时，应能展示设计成品的效果。设计介绍应以设计文件为依据，对自查结果应以书面技术文件的形式进行修正和补充。

5）提问解答

各有关单位对图纸中存在的问题进行提问，设计单位对各方提出的问题进行解答，或按各专业分组进行，做到相互学习、有问有答。各单位针对问题进行研究与协调，制定解决方案。对一时不能解决的问题应该给出答复时限，以供继续研究和协商。

6）会议总结

设计、监理、开发、施工单位负责人轮流发言，总监理工程师进行总结。

7）交底会会议纪要

填写交底会会议纪要，并经各方签字认可。工程技术交底会会议纪要不是设计文件，而是与会各方协调的结果。因此，设计人员应将交底会会议纪要形成的技术结果及时转化成补充设计文件，按设计文件发放途径提交建设方，从而完成工程技术交底会的全过程。

4. 现场交底的内容和要求

1）现场交底的内容

（1）场地概况、设计说明、设计意图与构思的总体介绍。

（2）工程概况、各项技术经济指标和要求。

（3）设计图纸的具体要求、工艺。

（4）景观建筑构造要求，特殊工程部位的技术处理细节，有关标准及其注意事项。

（5）新技术、新工艺、新材料等施工技术要求与实施方案及其注意事项。

(6)重要结构方案的实施要求,关键结构部位的施工要求。

(7)设备、电气工程的技术要求和技术参数的核对。

(8)绿化设计要求。

(9)对各专业间穿插施工的要求。

(10)其他需提出和交代的内容。

2)现场交底的要求

(1)内容详尽。景观施工现场交底内容是施工图纸的全面反映,不能有遗漏和缺项,其必须覆盖整个施工过程,包括工序的衔接、每道工序内操作工艺的配套步骤等。景观施工现场交底内容是施工人员操作的依据,每一个节点、每一个尺寸均要叙述得清晰准确,对较为复杂或确实无法表述清楚的部位,还要采取图文结合的方式进行交底。交底的过程既是一次对图纸审核和检查的过程,又是一次学习和熟悉的过程。景观设计员只有将图纸和规范要求熟记于心,才能将交底做到细致、准确、真实,不流于形式,使景观施工员在接受交底后能清楚自己所要操作的项目内容、细节要求,防止盲目干活,造成质量问题。现场交底应全面、明确,并突出要点,应详细说明怎么做、执行什么标准、其技术要求如何,同时应分项具体说明施工工艺、质量标准和安全注意事项等,不能含糊其词。

(2)预先准备。在现场交底与图纸会审之前,建设单位、监理单位、施工单位及其他有关单位必须事先指定主管该项目的有关技术人员看图自审,初步审查本专业的图纸,并进行必要的审核和计算工作,各专业图纸也必须核对。

(3)针对性强。在现场交底时,一定要针对工程特点、设计意图,清晰明了地讲述,明确分析,避免发生误操作,做到每一分项都有其操作要点。景观施工现场交底后往往会发生好像每一个操作点都讲到了,每一项要求都阐明了,可一对照实物,却又像什么都没说的现象。如交底内容不够明确、无针对性,则其在具体操作中就起不到指导作用,甚至造成能力较弱的施工人员理解混乱。若现场再缺乏严谨的监督和正确的指导,则产品的成型时间、质量均会受到很大的影响。另外,技术交底的深度与详细程度应适应不同层次的施工人员,也就是说交底的内容深度和说明方式要有针对性。

(4)可操作性强。随着经济的发展,越来越多的新工艺、新技术被应用于景观施工现场,这样一来就对景观施工现场交底提出了新的要求,不仅应从技术角度出发,还应从经济效益、资源环境等方面综合考虑。在选择工艺标准和技术方案时,不仅要保证施工人员操作简便、易于控制,还应符合工程的现场实际情况和经济要求,力求高效优质、经济合理。施工中使用的新技术、新工艺、新材料,应进行详细交底,并交代如何做样板等具体事宜。

可操作性包括两个方面:一是在施工人员方面,要充分考虑现场施工人员的具体素质,制定略高于其能力的标准,使其在经过努力后能达到标准,严禁因标准过高或过低而打击施工人员的积极性,降低整个工程的质量,并应在施工人员技术水平不断提高的前提下,改进和优化方案,激发施工人员的创造性;二是在经营管理方面,要十分清晰地了解本工程的经营状况和外部环境,只有在资金投入有保证和产出收入良好的前提下,才能确定其为最佳方案,否则再好的方案,也只是提议罢了,没有实施的价值。

因此,现场交底具有可操作性就是要求相关各方在确定施工方案时,一定优先考虑所需的、将造成的、会影响到的相关事项。不奢空谈,不仅仅为标新立异而影响整体工程,一定要切实、务实。

（5）表达方式要通俗易懂。在景观施工现场交底时，表达方式、方法一定要通俗易懂。景观设计员必须掌握一定的表达能力，将十分复杂、专业的规范要求和术语，用简单的语言传达给现场施工人员，保证每一个施工人员都能明确具体要求和要达到什么样的效果。只有这样，现场交底才能真正发挥指导操作的作用，提高工程质量。

（6）必须符合景观工程施工和验收规范。现场交底应符合技术操作规程（分项工程工艺标准、质量检验评定标准）的相应规定，同时也应符合各行业制定的有关规定、准则以及所在省（区）市地方性的具体政策和法规的要求。

（7）必须执行国家各项技术标准，包括计量单位和名称。

（8）符合与实现设计施工图中的各项技术要求，特别是当设计图样中的技术要求和技术标准高于国家施工和验收规范的相应要求时，应做更为详细的交底和说明。

（9）应符合施工组织设计或施工方案的各项实施要求，包括技术措施和施工进度等。

5. 现场交底的实施方法

景观施工现场交底的实施办法一般有以下四种形式。

1）会议交底

景观设计员向施工队或工区施工负责人进行技术交底，一般采用会议交底的形式，由业主主持会议，公司技术、安全、质检等有关部门，施工队长、技术副队长及各专业工程师等参加会议。事先充分准备交底资料，在会议上进行技术性介绍，对工程项目的施工组织设计或施工方案进行专题介绍，提出实施的具体办法和要求，再由景观设计员对施工方案中的重点细节做详细说明，提出具体要求（包括施工进度要求），由质检、安全部门对施工质量与技术安全措施做详细说明。施工队和各专业工程师对技术交底中不明确或在实施过程中有较大困难的问题提出具体要求，包括施工场地、施工机械、施工进度安排、施工部署、施工流水段划分、劳动力安排、施工工艺等方面的问题。交底会议对技术性问题应逐一给予解决，并安排落实。

2）书面交底

景观设计员向施工人员进行交底，应采用书面交底的形式。这不仅因为现场交底的书面资料是工程施工技术资料中必不可少的内容，施工完毕后应归档，而且因为其是分清技术责任的重要依据，特别是出现重大质量事故与安全事故时，现场交底的书面资料是责任划分的一个主要依据。

景观设计员应按照施工和验收规范规程中的有关技术规定、质量标准和安全要求、本企业的施工方法和操作规程，结合本工程的具体情况，按不同的分部分项工程的内容，参照分部分项工程的工艺标准，详细写出书面资料，一式多份（一般为一式五份），向施工单位进行现场交底。在接受交底后，施工单位应在交底记录上签字，两份由施工人员贯彻执行，一份存入施工技术档案，一份由景观设计员自留，一份由监理方保管。

3）施工样板交底

首次使用新技术、新工艺、新材料时，为了谨慎起见，景观工程中的一些分部分项工程也可采用样板交底的方法。所谓样板交底，就是根据设计图纸的技术要求、具体工艺，参照相关的施工工艺和经验，在满足施工和验收规范的前提下，在景观工程的某个实物工程、某道工序、某块场地上，由本企业技术水平较高、经验丰富的施工人员先做出达到优良品标准的样板工程，作为其他施工人员学习的实物模型，使其他施工人员知道和了解整个施工过程中所使用的新技术、新工艺、新材料的特点、性能，掌握操作要领，熟悉施工工艺操作步骤、质量标准。由于这种交底比较直观易懂，故其效果较好。

4)岗位技术交底

一个分部分项工程的施工操作，是由不同工种、工序和岗位的人员完成的，只有保证这些人员的操作质量，才能确保景观工程的整体施工质量。施工企业实施施工人员岗位责任制，并编制操作工艺卡，根据施工现场的具体情况，以书面形式向施工人员随时进行岗位技术交底，提出具体的作业要求和安全操作要求。

6. 现场交底会会议记录

现场交底会会议记录因分项工程不同而内容不同，但无论采用哪种现场交底的方式，在交底结束后，都必须以“交底会会议纪要”的方式准确、无遗漏、真实地记录交底工作的情况，且得到与会人员的确认、签字。交底会会议记录见表 7-1。

表 7-1　交底会会议记录

<table>
<tr><td colspan="2">交底会会议记录
表 ××</td><td colspan="2">编号</td><td colspan="2"></td></tr>
<tr><td>工程名称</td><td></td><td colspan="2">交底日期</td><td colspan="2"></td></tr>
<tr><td>施工单位</td><td></td><td colspan="2">分项工程名称</td><td colspan="2"></td></tr>
<tr><td>交底纪要</td><td colspan="5">景观土建小品的质量要求和施工工艺、苗木要求等</td></tr>
<tr><td colspan="6">交底内容(可先分为以下几大类，再详细记录会议内容)：
A. 景观建筑小品

B. 绿化苗木种植

C. 结构工程

D. 水电安装工程

E. 质量标准

F. 其他</td></tr>
<tr><td>审核人</td><td></td><td>交底人</td><td></td><td>接受交底人</td><td></td></tr>
<tr><td colspan="6">注：1. 本表由施工单位填写，交底单位与接受单位各存一份。
2. 分项工程施工现场交底时，应填写“分项工程名称”栏，其他交底不可填写。</td></tr>
</table>

四、工作步骤

步骤一：现场交底准备，熟悉并准备被认可的全套设计方案文本、全套景观施工图，厘清编制顺序，以便快速查找。

步骤二：通知参会人员，协助建设方发布图纸会审通知，可以提前对相关图纸资料进行学习解读，确定开会时间、地点，参加人员应该包括监理、建设、设计、施工等单位的有关负责人员。

步骤三：进行现场交底图纸会审会议。结合全套设计方案文本，对景观设计项目场地概况进行总体介绍，对景观设计项目总体设计的意图和构思进行详细阐述。主要包括以下内容。

(1)介绍景观项目设计的基本原则。

(2)分区域对各个景观节点设计方案和施工要求进行详细介绍。

(3)对景观项目内交通组织设计和施工要求进行详细介绍。

(4)对景观项目内的竖向设计进行详细介绍。

(5)对景观项目的绿化配置和施工要求进行详细说明。

(6)对景观项目内的景观小品细节设计和要求进行介绍。

(7)对项目技术经济指标进行详细说明，如总用地面积、总建筑面积、地下建筑面积、公共交通面积、停车场面积、绿化率、容积率等。

步骤四：提问答疑环节。设计单位要对与会各方提出的问题给予相应的解答。与会各方应本着团结配合的积极态度，针对具体问题进行协商，制定科学有效、责任归属明确的解决方案。

步骤五：做好会议总结和纪要。与会各方充分发言，总监理工程师进行总结。形成会议纪要，各方签字存档。

五、考核标准

能够明确现场交底的目的和依据，能够组织设计交底与图纸会审会，能够向施工人员进行书面交底、施工样板交底、技术岗位交底，能够详细记录现场交底会内容。

六、任务模拟练习题

以景观设计实践项目中已由国家评审单位审核通过或由客户方负责人审核通过的、正式出具的全套施工蓝图为依据，组织设计交底与图纸会审模拟会议，依据以上步骤和知识要点，形成完整的会议总结和交底会会议纪要。

工作活动 2：施工协调

一、工作内容

运用景观工程施工组织设计的相关知识、土方工程施工知识、景观土建施工相关知识、植物种植工程相关知识，配合施工单位进行现场施工。

二、工作人员综合素质要求

掌握景观工程施工组织设计的基本知识，了解土方工程施工相关知识、景观土建施工相关知识和植物种植工程相关知识。具备配合施工单位进行现场施工的能力。

三、工作中用到的知识点

1. 景观工程施工组织设计的基本知识

1)景观工程施工组织设计的概念

景观工程施工组织设计是指拟定景观工程项目施工过程的组织、技术和经济等实施方案的综合性设计。

2)景观工程施工组织设计的任务

景观工程施工组织设计的主要任务是把工程项目在整个施工过程中所需的人力、材料、机械、资金和时间等因素，按照客观的经济技术规律，科学合理地做出安排，使之满足耗工少、速度快、质量高、成本低、利润大的要求。

3)景观工程施工组织设计的分类

景观工程施工组织设计依其对象可分为以下三类。

(1)施工组织总设计(也称为施工组织大纲)。以一个工厂(主要是大中型的)、若干个相互联系的建筑群或其他生产企业等作为施工对象时，要编制施工组织总设计。编制施工组织总设计以总承办单位为主，建设、设计和分包单位共同参与。

(2)单位工程施工组织设计。以一幢工业厂房建筑、独立公共建筑，或其他民用建筑为施工对象时，应编制单位工程施工组织设计。单位工程施工组织设计由直接参与施工的单位编制。

(3)分部(分项)工程作业计划(设计)，也称为分部工程施工方案。对于工程规模较大、结构重要和技术复杂的分部或分项工程，如较复杂的基础工程、钢筋混凝土框架工程、大型结构构件吊装工程等，常需在单位工程施工组织设计之后，编制分部(分项)工程作业计划(设计)。

4)景观工程施工组织设计的原则

一般情况下景观工程施工组织设计应按照以下四项原则进行，以保证施工的顺利进行。

(1)优质、高效、经济、合理的原则。

(2)以节约时间为原则安排施工进度计划。

（3）以确保质量创优为原则，安排专业化施工队伍，配备优良的机械设备，组织强有力的指挥机构，采用先进的质量检测手段和现代化的管理方法。

（4）以确保安全生产为原则制定各项安全措施，严格执行技术安全规则。全标段采用项目经理负责制的施工管理模式，严格控制、科学管理、精心施工。

2. 景观工程施工组织设计的内容与要求

1）景观工程施工组织设计的内容

（1）定位、放样。

①平面控制测量。

②高程控制测量。

③施工放线。施工放线时，应遵循先整体后局部的原则，以平面控制线为基准，放出各主要控制线，经复核无误后再放出其他各细部控制线。

④注意事项。技术人员在施工前应认真校核图纸尺寸，做好技术交底，施工过程中搜集原始测量数据，根据建设单位、监理单位和本公司技术管理的有关规定，做好自检、复检和报检工作。

在测量过程中，应严格执行现行《建筑工程施工测量规程》和《建筑地基基础设计规范》，注意对原始控制桩点和十字坐标控制点的保护，以确保测量数据的准确性。

（2）土方工程。

景观工程的土方工程是工程施工的重要组成部分，主要依据竖向设计图进行土方工程计算、土方施工、塑造整理建设场地。土方工程按照施工方法不同，又可分为人工土方工程施工和机械土方工程施工两大类。土方施工按挖、运、填、夯等施工组织设计安排进行，以达到建设场地的设计要求。

①土方量计算。

土方量计算一般以竖向设计图和原地形图为依据，通常采用方格网划块法和体积求取法相结合的方法进行。方格网划块法能够控制施工场地以单块场地进行独立计算，计算结果相加后得出总土方量。体积求取法是把单块场地内按设计要求计算的挖方（加号表示）和填方（减号表示）土方量相加，判断单块场地是否需要增加土方量或有多余的土方量，将两者的绝对值相加可得到单块场地的土方工程量。

把每块场地的计算结果加在一起，能够得到整个场地的土方平衡量和土方工程量。将单块场地的增方和减方以两种颜色表示，就能得出整个场地增方和减方的面积和位置，再在图中标明调配方向、土方数量和平均运距，就能合成土方调配图，使施工人员一目了然。

②平整场地。平整场地常用方格网划块法，先在每个交点处打下木桩（见图 7-1），桩上应标明桩号和施工标高，利用推土机、铲运机推运、平整土方，然后由人工修整。

③堆方测设。堆微地形和土山常用等高线测定平面位置。等高线标杆可采用竹竿，如图 7-2 和图 7-3 所示。从最低的等高线开始，在封闭的等高轮廓线上，每隔 4~6 m 插标杆，并标上施工高度，作为堆高的依据。利用推土机推土时，堆到一定高度要进行高度检查，检查合格后由人工修整。堆土应按施工验收规范分层压实。

④挖方测设。挖方应定出挖方边沿，分层下挖。首先利用挖土机开挖至规定深度，用水准仪检查挖深，然后继续开挖，直至达到设计要求。开挖应严格按要求放坡，尽量避免对场

地土层产生影响。

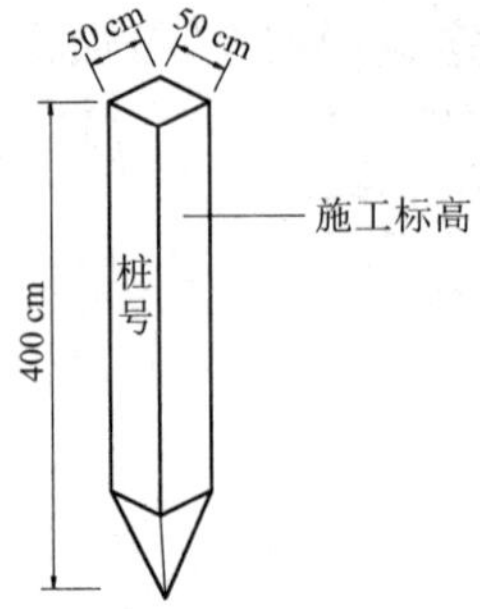

图 7-1 木桩

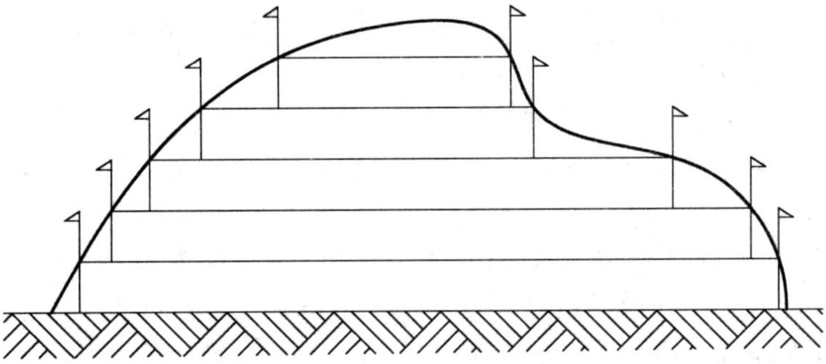

图 7-2 堆山高度较高时的标记

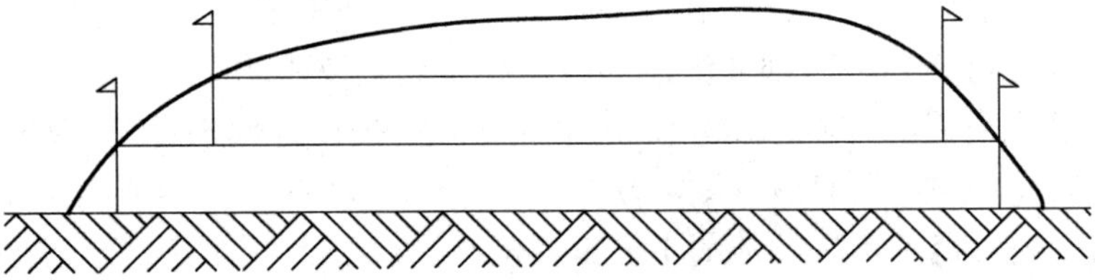

图 7-3 堆山高度较低时的标记

(3)基础开挖。

①确定园林小品位置,根据图纸的尺寸、规格开挖,并可适当增加宽度,开挖后要及时排干积水和清底。

②基坑开挖后,必须请设计和监理人员进行验槽,方可进入下道工序。

(4)砌体工程,包括施工准备和操作工艺。

(5)钢筋工程。

①钢筋要有生产厂家的质保单,并对其强度等进行试验,合格后方可使用。

②钢筋加工包括除锈、调直、切断,可在现场的加工场地集中进行。

③钢筋按种类、规格、等级、生产厂家分别验收和堆放,不得混在一起,堆放时避免钢筋

受腐蚀和污染。

④必须确保钢筋的保护层厚度。

⑤钢筋绑扎完毕，应在自查的基础上会同项目部、公司质检部、监理单位对钢筋严格检查，认真做好送检试验和隐检记录。

(6)模板工程。

①立模前复查基层平整度、平面位置和高程是否符合设计要求。

②模板应在浇筑混凝土前一天支立完毕。

③采用钢模板或木模板。模板无缺损、有足够的刚度，其内侧和顶、底面均光洁、平整、顺直。

④立模的平面位置和高程符合设计要求，模板接头和与基层接触处不漏浆。浇筑混凝土前，模板内侧涂刷有效的脱模剂。

(7)景观铺地工程施工。

景观铺地是指道路、广场、庭院、停车场等场地的铺地。景观铺地有别于一般从属于交通需求的道路铺装，它的交通疏导功能从属于游览需求。地面的承载负荷较低，铺装的材质多样化，色彩也更为丰富。

①铺地结构。景观铺地的形式多样，材料也不一致，一般由地面、地层和附属工程三部分组成。

a. 地面。地面典型结构如图 7-4 所示。

(a)面层。要求坚固、平稳、耐磨，具有一定的粗糙度，易于清扫。

(b)结合层。要求可塑度高，能黏结基层和面层或稳定面层使其不易移动，一般采用砂浆或粗砂混凝土等材料。

(c)基层。起承重作用，要求整体稳定性强，一般采用碎石、混凝土和工业废渣等材料。

(d)垫层。起传递承载力和排水作用，一般采用粒径较大的碎石。

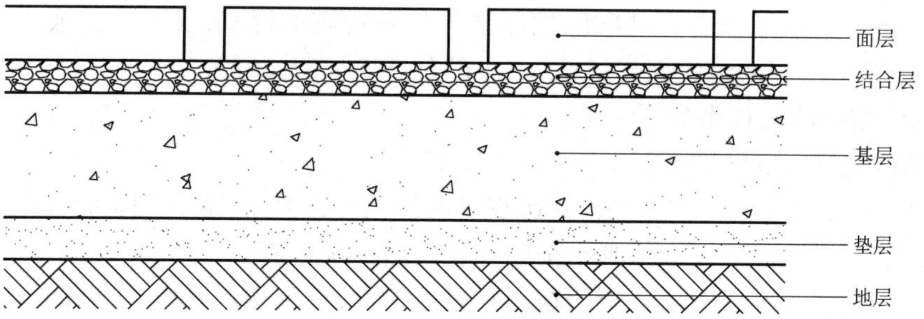

图 7-4　地面典型结构

b. 地层。承载的土层需平整、充实，达到一定的密实度。

c. 附属工程。按功能分为整形工程和排水工程。

(a)整形工程，包括边沿侧石、台阶挡土墙和树池等施工工程。

(b)排水工程，包括明沟、雨水井、明渠等施工工程。

另外，为满足安装灯具、栏杆、标志和广告等需要，也要对基座和地面的结合部位进行整形处理。

②施工顺序。

a. 施工准备。

b. 测量放样。根据施工图纸对所有中心控制桩进行测量、核实，并放出中心线和边线。根据本工程特点设置水准点、做好标志，并会同监理和甲方对放样位置和临时水准点复测认可。

c. 场地平整与造坡。

d. 基层处理。

e. 碎石垫层。

f. 混凝土基层施工。配置普通水泥混凝土可采用硅酸盐水泥或普通硅酸盐水泥。水泥进场时要有质保单，并按批抽样检验，合格后方可使用。不同品种、标号、厂牌的水泥不可混用。

g. 石材、板材铺装

(a)缘石安装。在混凝土垫块上安置缘石，应先检查轴线标高是否符合设计要求，并校对。圆弧处可采用20~40 cm长的缘石拼接，使圆弧顺滑，严格控制侧石顶面的标高，接缝处留缝均匀。外侧细石混凝土浇筑紧密牢固，嵌缝清晰，侧角均匀、美观。

(b)板材铺装。依照设计的图案、纹样、颜色等进行地面装饰性铺装。铺砌花岗岩板材料时，灰泥不可太稀，要调配成半硬的黏稠状态，铺砌时才易压入固定而不致板材陷下。

(c)切石铺装。由机械加工的切石铺地，平坦好走、光洁整齐。安装厚石板，保证其间隙成直线，石面平整、高度一致，并在石板间灌满灰泥。石面上若沾有灰泥，应用刷子洗净。

(d)鹅卵石铺装。在组合石块时，要注意鹅卵石的形状、大小是否协调，特别是在与切石板搭配时，相互交错形成的图案要自然。施工时，因石块的大小、高低不完全相同，为使铺出的路面平坦，必须在基层下功夫。先将未干的灰泥填入，再把卵石和切石一一铺上，较大的石块埋入的灰泥要深些，使面层整齐、高度一致。摆完石块后，再在石块之间填入稀灰泥，填实后即完成铺装。鹅卵石排列间隙的线条要呈不规则的形状，决不能排成十字形或直线形。此外，鹅卵石的疏密也应保持均衡，不可部分拥挤、部分疏松。

(8)木作结构的园林小品。

木作结构的施工顺序如下。

①放样。首先要熟悉施工图纸，并赴现场按图实量复核。对特殊构件(如木屋架)应放足尺大样，做成样板，以确保构件制作精度和便于施工中检查。

②选料。根据各部件正确合理用料。在材质方面，要根据设计图样的要求选用。

③加工。在技术负责人的指导下，组成三个专门工程队(木作、冷作、装饰)，所有加工件均须经过专业技术负责人验收签认后，才能运往施工现场。

④油漆。经过专业技术负责人验收签认的加工件，由油漆专业工程队验收后做底漆，用油漆封闭木构件纤维孔，保证其不被自然气候影响而发生变形。

⑤安装。构件安装的施工步骤为：定平面位置→测水平位置→主体木构件就位→屋面木构件就位→装修构件就位。

⑥装饰。主要是为木制品刷油漆。

（9）电气施工技术组织方案应包括施工工艺和施工中的质量控制、设备、原材料的验收。

（10）绿化施工技术组织方案应包括场地考察、施工前的准备、施工工序、苗木养护措施、施工措施和质量保证措施。

①绿色植物的时令安排。为了确保树木成活，必须根据各地区的自然条件和各树种的生态习性，选择最适当的季节进行栽植。北方地区以春季栽植为好，此时气温逐渐回升，土层开始解冻，土壤逐渐松软，水分较充足，有利于树木的发根。随着气温的升高，根部吸收作用可以维持枝叶需要的水分和养分。南方地区以秋末初冬栽植为宜，此时树木逐渐进入休眠期，树木对水分、养分的消耗日趋减少，新生根具备一定的吸收能力，在水分、养分供应上能满足枝叶萌发的需要。

②苗木的选择与准备。根据绿地功能的不同对苗木进行选择。无论是建筑群、住宅区还是公园，人们都希望保留过去原有的园林风景，为此要种植一定体量的壮龄树，使人们产生此地早已存在园林绿地的直接感受。种植树木的规格、大小应与建筑物的高度、绿地空间大小和园林功能相协调，选择壮龄树，栽后即能在树木的外形、体量和特征等方面构成持续性的视觉效果和园林意境，如新建的杏花公园使用的大部分苗木为壮龄树，其造园也以植物造景为主，取得了良好的园林景观效果。

a. 苗木规格与树形要求。孤植树主要表现树木的体形美，一般要求苗木高大雄伟、树形优美、具有特色，常选用有美丽花果、树皮或叶色的种类。孤植树冠形应宽、阔、大，呈圆锥形、尖塔形、垂枝形、风致形。

b. 苗木质量要求。在苗木的规格和树形符合造景功能的前提下，苗木质量尤为重要。苗木质量应满足以下条件：根系发达且完整，主根短直；在接近根茎的一定范围内要有较多的侧根和须根；苗干粗直，有一定的枝下高，不徒长；主侧枝分布均匀，能构成完美树冠。其中，常绿针叶树下部枝叶不枯落，无病虫害。

c. 大树移栽前的切根处理。大树移栽前的准备工作应于移栽前的数年开始。预先在准备移栽的树木的四周挖一宽 30~40 cm、深 50~70 cm 的沟，以刺激其长出密集的须根，创造移栽条件。断根范围一般以干径的 5 倍为宜。

d. 起苗与包装。为保证成活率，苗木的移栽均需带土球。一般土球规格根据树干规格而定，落叶乔木以树干为圆心，以胸径的 4~6 倍为半径画圆确定土球大小；常绿树以树干为圆心，以树干的周长为半径画圆确定土球大小。土球包装一般分为绳索包扎型和木箱包装型两类。在移栽时，树干要用草绳捆绑，此时其吸收能力减弱，裹干可以减少树体水分的散失，有助于保持水分平衡，同时可防止日灼。

③植物运输。车辆应选用起吊、装运能力大于树重的机动车和适合现场施工的起重机。苗木堆放时，应注意土球的重心应放在车后轮轴的位置上，树冠向后，用绳绑紧，土球下应用东西塞紧。在大树移栽过程中，应采取措施防止因颠簸而散球，以及暴晒、冻寒等不利于树木生长的因素。

④苗木的栽植。在造园过程中对园林植物的栽植程序有很高的要求，一般先栽植居主要位置的主景植物、乔木，然后栽植居次要位置的稍矮灌木，最后铺以地被植物。栽植时，先植内部花木，后植外围树木。树木的栽植大致包括地形整理、换土挖穴、起苗运苗、栽植养护

等程序。首先，按照园林规划设计标高对绿地进行地形改造，以符合造园对地形的要求；其次，根据图纸上的种植设计按比例放样于地面，确定各树木的种植点，定点放线；最后，根据树种的根系特点（或土球大小）、土壤类型来决定挖坑的规格。树木栽植时，首先应剪去在运输中不慎造成的断枝、断根，在不影响整体树形的情况下疏剪枝条。常绿树种栽植时，应进行强剪、摘叶抹芽等程序，如广玉兰、香樟等常绿阔叶树种栽植后，一定要疏枝摘叶，以提高其成活率。

⑤养护管理。俗话说"三分栽，七分管"，树木栽植后，养护管理工作尤为重要。

a. 树干包扎。为防止水分蒸发过多，可用草绳将树干全部包扎起来。每天早晚对树冠喷水一次，喷水时只要叶片和草绳湿润即可，避免喷水时间过长或水滴过大，使水分大量进入土壤，造成土壤过湿而影响根系呼吸。

b. 浇水。栽后要立即浇一次水，采取小水慢浇方法浇透。隔 2~3 天浇第 2 次水，隔一周浇第 3 次水，之后视土壤干湿情况酌情浇水，但夏季必须保证每隔 10~15 天浇一次水。

c. 地面处理。在栽后浇完第 3 次水后，即可撤除浇水土埂，并将土壤堆积到树下成小丘状，以后经常疏松树下土壤，改善土壤的通透性。也可在树干周围种植地被植物，如马蹄金、白三叶、红花酢浆草等。

d. 搭棚遮阴。夏季应搭建遮阴棚以防植物被暴晒。如果搭棚无法实现，则需要加强树冠喷雾。

e. 看管维护。在人流较多、易被人为损害的地方，对新栽的大树采取围栏保护措施，并加强看管。

2）景观工程施工组织设计的要求

为使每个施工人员都明确文明施工的重要性和必要性，应成立领导小组和工作小组专门负责该工作，并制定以下各项措施。

（1）安全、文明施工的措施。将安全生产作为标准化管理重点，严格执行国家及地方各项有关规定，做到"安全第一，预防为主"。

（2）施工进度安排和保证工期的措施。合理安排施工进度，有条不紊地进行施工，并充分采取能够保证工期的措施，做好施工组织，调动施工人员积极性等工作。

3. 景观工程施工现场检查

设计人员应全面了解设计与工程质量的关系。工程质量不仅依赖于设计质量，同时也依赖于现场施工质量。因此，设计人员应该把施工现场检查视作应尽的责任。设计人员进行施工现场检查的目的有二：一是检查工程是否按施工组织、质量要求、进度计划进行；二是检验工程是否符合国家设计规范和建设方的要求。

设计人员应定期或不定期地进行施工现场检查。首先，设计人员应定期对施工现场进行工程质量检查，建立例行制度，通过连续的资料积累实现对施工阶段的整体了解和把握。其次，在重要的施工节点，如结构验槽、特大乔木的移栽等，设计人员应及时到场指导和检查。再次，设计人员在施工现场检查时应及时与施工监理沟通，更重要的是对施工阶段可能发生的技术问题进行全面的讨论和交流。最后，设计人员应与施工管理人员及时沟通，尽量在施工前或施工阶段初期解决可能发生的技术问题。另外，设计人员进行施工现场检查时不仅要解决眼下发生的技术矛盾和技术问题，更要思考下一工序中可能发生的问题。

设计人员施工现场检查的第一种手段是目测，通过对正在施工的部分有直观的了解，及时消除隐患，如对施工完成的表面效果检查主要依靠目测。但是，施工现场的隐蔽工程和需连续观测的检查项目不能单靠目测结果，而要结合现场资料的检查才能取得可靠的检查结果。因此，施工现场检查的第二种手段是资料检查。施工现场检查的第三种手段是检查测验结果，如混凝土强度测验、种植土 pH 值测验等，都应以测验结果为依据。

4. 景观工程内部的协调

由于景观工程由多个工种组成，如土方竖向、水体、绿化种植和硬质景观等，需要对它们的专业需求进行工程协调。由于景观工程各工种的施工程序不同，需要对它们之间的施工程序和施工组织进行工程协调。由于景观工程各工种的施工周期不同，需要对它们之间的施工衔接进行工程协调。即使是同一专业，由于施工场地、施工条件等环境因素和需求不同，也要进行适当的工程协调。即使在同一场地，由于专业不同，也要按先后顺序和搭接排列进行工程协调。如人行道上的行道树和路灯之间需要经过合理的协调，才能各得其所，排列有序，形成良好的、有韵律的道路景观。工程内部的协调贯穿于施工的全过程。施工阶段的初期，由于施工工种单一或少数专业同时施工，工程协调相对简单，但此时应考虑为以后进场的专业提供便利的施工条件。景观工程的施工周期较短，在施工后期，多数专业施工都到了收尾阶段，抢工期的现象屡屡发生。所以，更需要工程协调来解决施工中的矛盾。

5. 景观工程施工与外部专业的协调

景观工程是一项涉及城市建设的综合工程，不可避免地要与城市建设的其他专业进行技术协调。一般情况下，这类技术协调体现在以下方面。

（1）工作界面。景观工程施工有自身的基地范围，其边沿可能与建筑物相邻，可能与河道、道路等相邻，也可能与自然地形相邻。这些边沿会产生各种工作界面，在施工时应该予以重视和明确。

（2）设备接口。景观工程用到的给水、排水、排污、电源、通信等设备需要与上游管线衔接、贯通，这样才能被纳入整个地区的供给网络。因此，与市政有关部门协调处理这些管线的接口管径和用量，不仅是设计的需要，更是施工的需要。

（3）水系贯通。当景观工程水系需要内外贯通时，水系的处理需要工程协调。在江南水乡，整个地区的水系承担防汛、排洪、抗涝等重要功能，涉及地区人民的生活保障问题。所以，水系的处理极为重要，不仅要保证建设完成后的水系贯通，还要妥善安排施工阶段的临时措施，以确保自然生态不被破坏，以及水系功能可以得到良好的发挥。

（4）其他专业协调。景观工程施工一般还应与以下相关专业进行协调：水利工程专业、市政交通道路专业、建筑工程专业、地下工程专业、电气工程专业、电信工程专业、市政给排水工程专业、地区给排水工程专业和结构专业等。

6. 设计变更

设计人员在施工现场的另一个重要工作是进行设计变更。景观工程设计在施工配合服务阶段，会因遇到种种原因而需要设计修正。从广义上说，设计修正是正常的，它不仅能检验设计文件是否齐全正确，也能使景观工程设计趋于完善，更符合客观现实的需求，以形成最佳的景观效果。设计变更的原因较多，可以归纳成以下四个方面。

1）因场地变化引起的设计变更

基地勘察的资料不足，原有基础资料记录不够详尽，或原有基础资料记录年代久远，都会使施工现场开挖时的实际情况与设计要求有差异，甚至差异很大。因此，必须对设计文件进行变更。若地质勘探资料有误，则应该补充地质勘探资料。根据勘探获得的基础资料重新核对原有设计，必要时应重新出具符合实际情况的设计文件。若个别地方不符合设计条件，如暗浜、地下有管线通过、地面保留构筑物、乔木位置有误等，设计人员可根据施工单位的实测情况进行适当调整。这些修正可以通过设计变更或签署工程核定单进行确认，然后继续施工。如果放样时出现基地边界与总平面图所注尺寸有误，则应再次请规划部门重新核定边桩并予以确认。根据实测情况，设计人员应对总平面图进行修改和重新确认。

2）因建设方要求引起的设计变更

在景观工程实施过程中，建设方由于各种原因要求对工程进行修改，设计人员应该视具体情况继续提供技术服务，力求满足建设方的要求。同时，设计人员应就景观效果、修改引起的后果和施工的进程提出技术咨询意见。在工程施工阶段，如果建设方以资金控制为由，提出改变原定的铺地材质和尺寸，而征求设计人员的意见，设计人员应考虑以下问题。

（1）设计人员应认真听取建设方的意见，考虑修改后的设计效果是否更好。

（2）了解铺地材料在使用中的实际情况或订货周期。

（3）综合考虑落实建设方要求的可能性。

（4）当决定修改后，设计人员应该要求建设方出具书面意见书。

（5）尽快完成设计变更通知。

（6）在施工现场与施工监理交流意见，与施工单位讨论设计变更的执行情况。

（7）在对铺地材料进行施工时进行现场检查和协调。

3）因施工单位要求引起的设计变更

根据建设工程的操作程序，每一个有资质的施工单位都可以按照交付的景观工程设计文件施工。但是，每个施工单位都有自己的优点和不足之处。所以，对同样的设计文件，施工单位会根据自己的优势和长处，提出适合自己的施工方法，给出合理化建议。设计人员应尊重施工单位的合理化建议，充分发挥施工单位的优势，重视施工单位的要求，提出既满足工程设计要求，又符合施工特色的处理意见。

如某居住小区的景观工程在施工过程中，施工单位就施工的可操作性问题提出修改节点的要求，要求设计人员给予确认。设计人员接到修改要求后，应进行以下工作。

（1）检查与设计图纸有关的节点详图和设计需求，并与施工单位提出的要求进行对照，考虑两者的效果是否一致，安全性和美观性是否都能得到保证，再决定是否修改、变更。

（2）当决定变更时，施工单位应出具工程核定单以进行验证、确认；当变动较大时，应协助完成设计图纸修改和变更。

（3）请施工监理签证认可，必要时，应请建设方认可。

（4）进行施工现场检查，复核变更结果。

4）因设计方自身引起的设计变更

在景观工程施工配合中，设计文件经过严格检验，会暴露出自身的问题和毛病，也会出现设计要求不切合实际的情况。因此，设计人员也会要求进行设计变更，其工作程序如下。

（1）设计人员应整理原设计图纸，并根据现场实际情况，完成适合施工程序的设计变更图纸。

(2)在工程例会上，设计人员应说明情况，征求施工单位和施工监理的意见，必要时，征得建设方的同意。

(3)设计人员应该在现场向施工人员和施工监理人员介绍变更要求，以取得一致意见。

(4)设计人员应把设计变更作为设计文件正式发放。与设计初期相比，进行设计变更的时间通常较短，很难考虑周全，所以进行设计变更应该更加谨慎。总的来说，设计变更时应考虑以下四点。

①设计变更可以由建设方、设计方或施工方提出。

②设计变更的理由应该有利于工程建设，有利于最终效果的实现。

③设计变更强调时效性，应该符合施工的周期安排，不影响工程的整体进度。

④设计变更强调施工配合，应该适合施工工序，符合施工进展的规律，遵守施工管理秩序。

四、工作步骤

步骤一：施工协调准备。准备好现场配合施工协调的技术资料，如已被建设方许可的全套设计方案和施工图纸。准备好测绘工具、与项目相关的技术规范图集和规范资料等。

步骤二：现场跟踪，配合解决施工单位在施工过程中发生的相关设计问题。景观设计受现场状况及其他专业的影响较多，如管线、道路、建筑等。如图纸文件未能说明，就会出现多种问题，若处理不当，又会引发其他问题。这时，施工单位不能擅自修改图纸和自行解决，需将现场问题反映给甲方或设计方，并配合他们开展工作。

步骤三：对照施工图纸核对施工准确性，找出现场施工存在的问题。

步骤四：根据专业性质和现场反馈的问题，召集相关设计人员核对图纸。

步骤五：提出合理的解决方案，并以设计变更通知单(如表7-2)或其他有效往来文件的形式发给甲方，经确认后，方可进行现场施工调整。

步骤六：如果现场问题复杂，召集各专业设计人员进行现场调查或召开会议，共同协商解决方案，并以现场会议纪要的方式记录结果，完成配合工作。

五、考核标准

能够熟练运用景观工程施工组织设计的相关知识、土方工程施工知识、景观土建施工相关知识、植物种植工程相关知识，能够配合施工单位进行现场施工。

六、任务模拟练习题

以真实景观设计实践项目中已由国家评审单位审核通过或由客户方负责人审核通过的、正式出具的全套施工蓝图为依据，并根据以上步骤和知识要点，进行景观工程施工协调。

表 7-2 设计变更通知单

<table>
<tr><td colspan="3">项目名称</td><td colspan="3"></td><td colspan="3">日期</td><td colspan="3"></td></tr>
<tr><td colspan="3">业主</td><td colspan="3"></td><td colspan="3">联系人</td><td colspan="3"></td></tr>
<tr><td colspan="3">设计单位</td><td colspan="3"></td><td colspan="3">设计负责人</td><td colspan="3"></td></tr>
<tr><td colspan="12">变更内容</td></tr>
<tr><td colspan="12">审核意见</td></tr>
<tr><td colspan="2">设计负责人</td><td colspan="2"></td><td colspan="2">审核</td><td colspan="2"></td><td colspan="2">审定</td><td colspan="2"></td></tr>
</table>

工作活动 3: 施工管理

一、工作内容

运用景观工程施工管理常识和景观工程施工基本工艺常识进行景观工程施工管理。

二、工作人员综合素质要求

熟悉景观工程施工的工作内容,了解工程管理的相关知识,掌握景观设计员在工程施工过程中的职责,具备组织设计交底会、工程协调和工程设计变更的能力。

三、工作中用到的知识点

1. 景观工程施工管理常识

1)景观工程项目施工参与人员

景观工程项目施工是一个系统工程,其参与人员包括施工人员、施工监理人员、业主代表、设计代表和有关人员。

(1)施工人员。施工人员是景观工程项目的施工主体,由建设单位依法委托从事工程施工工作。根据工程的规模和专业内容,可以由一个施工单位承接全部施工内容,也可以以一个施工单位为主体单位,由其进行工程总承包。专业的施工单位承接专业工程,由工程总承包单位管理。

(2)施工监理人员。施工监理人员是施工项目的监管人员,由建设单位聘请,依法监督施工过程,使施工项目符合国家的建设程序,符合国家的法规、规范的要求,符合业主利益和设计要求。

（3）业主代表。业主代表是建设单位驻施工现场的代表，代表建设单位处理现场事务。

（4）设计代表。设计代表是设计单位驻施工现场的代表，代表设计方诠释设计意图和处理施工过程中与设计有关的工作。

（5）有关人员。有关人员通常由政府主管部门代表和基地所在地的管辖人员组成，并不定期参与处理施工相关方面的工作。

2）景观工程项目施工的四个阶段

景观工程项目施工由施工招投标、施工准备、具体施工和施工验收四个阶段组成。

（1）施工招投标阶段。设计单位应该在施工招投标阶段进行技术答疑。技术答疑文件应形成书面材料，以公平、公开、公正为原则，通过招投标代理机构向所有投标方发放。必要时设计单位也帮助招标代理机构整理招标技术文件或参与评审投标文件。

（2）施工准备阶段。施工单位中标后，应在人力、物力上针对工程基地和工程特点进行施工准备，合理落实施工组织、施工计划、施工材料、施工设备诸方面的工作；建立以工程项目为中心的管理体系、质量保证体系、安全生产体系等，保证工程施工安全实施。设计单位应该在施工准备阶段及时解决施工单位提出的问题，介绍工程需求和设计意图，协助施工单位完成准备工作。对工程中具有创新性的技术难题，设计单位应和施工单位共同商讨解决。本阶段主要的工作节点是设计交底会。

（3）具体施工阶段。具体施工应按施工组织构架进行，按施工计划实施。施工计划是对整个施工周期进行合理的工序排列和时间安排。施工计划应在保证工程质量的前提下，缩短施工周期，满足业主要求。施工周期可以通过横道图或网络图反映工序排列和交叉搭接，实现时间的控制、人力的调配、计划的落实。

①施工材料。在施工现场，所有施工材料都应被严格管控。施工材料应该是合格产品，具备质量保证书、合格证等；特殊产品如幕墙材料等应具有进场产品检验书；新型材料或境外产品应具有专门的检验资料。所有施工材料都应进行进场记录，并经施工监理许可后才能使用。

在景观工程施工材料采购中，苗木采购的难度最大。苗木本身是有生命的物质，具有适生、适时的特点，要求运输时间短、途中维护好。大型乔木还要进行前期切根工作。苗木的选择和艺术造型，关系到景观效果的实现。因此，苗木从选材至栽种完成必须有周密的计划，需要施工单位、施工监理单位和设计单位共同配合完成。

②施工设备。合适的设备有助于缩短施工周期。

③施工安全，具体体现在施工人员的人身安全、施工设备的安全操作、施工产品的安全、基地安全，避免或减少施工对周边邻里的干扰等。

④施工实施过程是设计意图得到充分体现、设计效果得到展示的过程，也是设计从图纸到现实作品的检验过程。在这一过程中，设计人员应与施工人员、施工监理人员密切配合，全面阐释设计图纸，介绍设计要求，及时处理实施过程中的每一个技术问题；根据工程特点和施工需求，及时处理技术节点，使工程项目得以顺利实现。必要时，设计单位可以派员进驻现场，使问题得到及时解决。

（4）施工验收阶段。根据景观工程的建设特点，施工验收分为中期验收和竣工验收两种。中期验收通常是对分部工程的质量进行验收，以便下一轮施工工作的开展。竣工验收是进行景观工程的整体验收,也是施工结束后交付业主使用时进行的验收。

在目前的施工组织过程中,中期验收通常是分部工段之间的验收。部分施工过程在被隐蔽或复查之前,为了确保质量合格并被确认,实施中期验收是十分必要的。中期验收的结果应以书面形式体现,并在竣工验收时进行资料审核。

竣工验收是工程施工进入整改、养护阶段的开始,也是工程产品交付建设方管理的交验程序。国家对基本建设产品的竣工验收有明确的规定。

2. 景观工程施工监理

景观工程建设进入施工阶段,根据《中华人民共和国建筑法》《建设工程监理规范》等相关规定,必须进行强制性建设工程监理。建设工程监理是高智能、有偿的技术服务活动,其服务对象是业主。它的服务活动体现了独立性、公正性和科学性。独立性是指监理单位与业主、施工单位之间是平等关系,根据监理合同履行自己的权利和义务。公正性是指监理单位不仅为业主提供技术服务,还是公正的第三方。科学性是指监理单位应维护业主利益、社会大众利益和国家利益,这决定了其必须提供科学的服务。

1)景观工程项目建设管理体制

新型景观工程项目建设管理体制,是在政府有关部门的监督管理下,由业主、施工单位、监理单位直接参加的"三方"管理体制。这种管理体制是目前工程项目建设的国际惯例,是国外绝大多数国家公认的工程项目建设的重要原则。我国新型景观工程项目建设管理格局如图 7-5 所示。

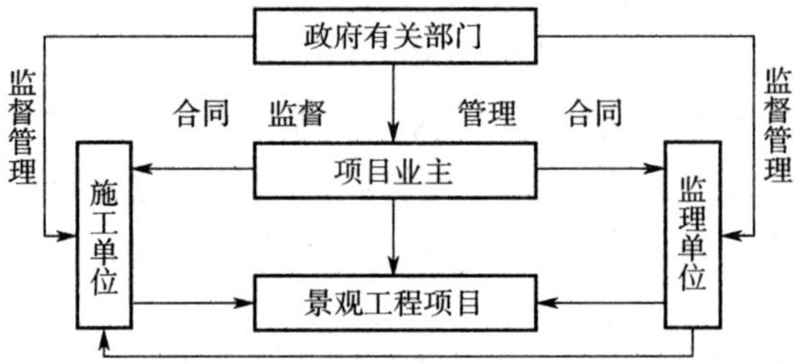

图 7-5 我国新型景观工程项目建设管理格局

2)景观工程项目施工管理体制

景观项目进入施工阶段,工程建设监理的主要任务是在施工过程中,根据景观工程项目施工的目标和计划,通过动态控制、组织协调、合同管理和信息管理使项目施工质量、施工进度和投资符合预定的目标要求。新型景观工程项目施工管理格局如图 7-6 所示。

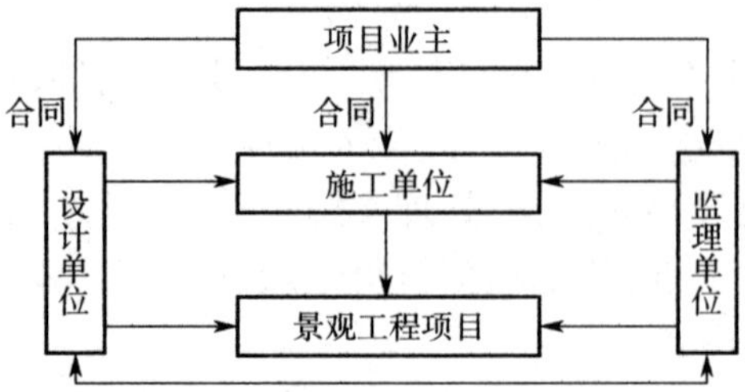

图 7-6 新型景观工程项目施工管理格局

3)设计单位与监理单位在施工阶段的协作

依据施工阶段工程建设监理的主要任务，设计单位与监理单位协作主要体现在动态控制、组织协调和信息管理三个方面。

(1)动态控制。施工阶段是使景观设计从图纸落实到具体实施的过程，它不仅检验设计图纸的正确性和合理性，同时也检验实施过程的正确性和合理性。为此，监理单位、施工单位和设计单位三者目标具有一致性，各单位应积极参与动态控制，使景观工程项目得以顺利进行。其中，设计单位应协同监理单位增加主动控制在动态控制过程中所占的比例，同时进行定期、连续的被动控制，这样才能完成项目目标控制的根本任务。

本阶段主要工作是设计单位了解目标规划，及时参加工程例会，掌握工程的动态信息，及时提出预案。

(2)组织协调。尽管设计单位与监理单位并无合同关系，但是监理单位作为公正的第三方，能协调和平衡设计与施工双方的生产活动。

本阶段主要工作是设计单位参加设计交底会和图纸会审，协助工程验收和工程质量评定等。工程变更或图纸修改应经过监理工程师审查。

(3)信息管理。随着数字化技术的普及和应用，信息交流、反馈和管理的速度大大加快，信息管理变得更及时和更细化。充分进行信息采集和反馈交流，是设计单位与监理单位、施工单位进行目标沟通、技术沟通的好方法。

本阶段主要工作是设计单位通过现场检查，发现情况及时与监理单位沟通，会同监理单位、施工单位一起调整技术措施，以达到预期的目标要求。

3. 景观设计员在工程施工阶段的职责

景观设计员完成了施工图设计并不是设计任务的结束，而是施工阶段设计服务的开始。设计服务将贯穿整个景观工程施工过程，甚至延续到养护服务阶段。在景观工程施工阶段，景观设计员承担的工作大部分是咨询工作，推动工程施工的进展，完成设计成果。

1)施工招标阶段

景观设计员的主要工作节点如下。

①参与编制施工招标书的技术文件。景观设计员应提供完整的施工图设计文件，以供招标管理单位编写招标书的技术文件；协助投标单位理解设计意图和技术要求，以便做出正确的投标文件。

②对施工招投标活动的技术问题进行答疑。根据建设招投标工作程序，景观设计员应就设计的技术问题进行答疑。答疑结果作为招标文件的有效组成部分，协助评标专家做出公平、公正、公开的评价。答疑结果的表述应明确清晰，避免有模糊的解释。答疑结果应由招标管理单位统一发放。

③参加施工招标评审活动。景观设计方的代表参加施工招标评审活动，不仅有义务向其他评审专家诠释设计意图和设计技术要求，还应独立履行评审专家应尽的职责，对投标文件和评审活动做出公正的评价。

2)施工准备阶段

①接受中标的施工单位就设计文件提出的技术质疑。经过施工招投标活动，中标的施工单位与建设方(业主)或业主代理单位签订施工合同，承接景观工程施工任务。施工单位

在阅读设计施工图文件后，会以书面形式列出技术问题清单，也会针对某一施工程序提出合理化建议，以征求设计方的意见。景观设计员应接受技术质疑，并通过专业讨论，在设计交底会上解答。

②参加设计交底会。参加设计交底会是景观设计员施工服务工作的重点。

③根据设计交底会的要求，提供补充设计图纸。根据设计交底会上各方的协调结果，形成设计交底会会议纪要。但根据建设工程程序和审计要求，会议纪要不能代替设计文件的修改和补充。景观设计员应根据会议纪要中有关设计的条款和要求，提供补充设计图纸，以作为施工的依据。

当景观工程设计有特殊要求或不符合现行规范、需深入研究的技术问题时，景观设计员需联合施工单位共同探讨，必要时扩大探讨范围，进行论证。

3)施工实践阶段

施工实践阶段是长期的过程，景观设计员应参与施工实践的全过程，以设计代表的身份参与工地事务。

①介绍设计意图，解释设计图纸。景观设计方的代表有责任向施工人员和监理人员介绍设计意图并解释设计图纸，协助工程施工顺利进行。

②督促按图施工，检查施工质量。景观设计方的代表应定期解决工程施工中出现的技术问题。为了随时了解工程施工的进展情况，景观设计方的代表应经常深入工地现场，检查施工质量是否符合规范和工程设计要求，提出合理化建议。

③提出设计变更。对施工实践过程中出现的技术问题进行协调，提出设计变更和签署工程核定单。

④认定材料样品。景观工程施工要使用很多工程材料，不仅有硬质景观材料，还有植物。因此，认定材料样品，从设计的角度提出明确的意见，也是景观设计员的任务。

⑤协调景观施工与其他专业施工的关系。在施工现场通常是多专业、多工种同时施工，因此各专业和工种之间产生矛盾是不可避免的。协调这些矛盾，推动工程施工顺利进行，也是景观设计员的工作任务。

⑥参加中期验收。在施工实践的过程中，由于分部工程和单项工程交叉施工，所以中期验收和单项设计交底的工作，也是景观设计员应参与的工作。

四、工作步骤

步骤一：在施工招投标阶段。设计单位应配合业主进行技术答疑。技术答疑文件主要以书面材料为主，本着公平、公开、公正的原则，通过招投标代理机构向所有投标方发放。必要时设计单位也帮助招标代理机构整理招标技术文件或参与评审投标文件的工作。

步骤二：施工准备阶段。施工单位中标后进行施工准备。设计单位应该及时解决施工单位提出的问题，介绍设计意图和设计技术要求，协助施工单位完成准备工作。对景观工程中具有创新性的技术难题，设计单位应和施工单位共同商讨解决。本阶段的主要工作节点是设计交底会。

步骤三：具体施工阶段。施工实施过程是设计意图得到充分体现、设计效果得到充分展示的过程，也是设计从图纸到现实作品的检验过程。在这一过程中，设计人员应与施工人员、施工监理人员密切配合，全面阐释设计图纸，介绍设计要求，及时处理实施过程中的每一个技术问题；根据工程特点和施工需求，及时处理技术节点，使工程项目得以顺利完成。必要时，设计单位可以派员进驻现场，使问题得到及时解决。

步骤四：施工验收阶段。在中期验收过程中即分部工程或隐蔽工程验收过程中，设计单位要及时参加并提出设计要求。为了确保质量合格并被确认，中期验收的结果应以书面形式体现，并在竣工验收时进行资料审核。竣工验收是工程施工进入整改、养护阶段的开始，也是工程产品交付建设方管理的交验程序。国家对基本建设产品竣工验收有明确的规定。设计方应及时配合建设方和监理方进行竣工验收，并开始绘制竣工图。

五、考核标准

能够熟练运用景观工程施工管理常识和景观工程施工基本工艺常识进行景观工程施工管理。

六、任务模拟练习题

以真实景观设计实践项目为载体，参与景观工程施工管理，依据以上步骤和知识点，检验景观工程管理的技能掌握情况。

参考文献

[1] 李雅娜,张健华. 景观设计员:国家职业资格四级[M]. 北京:中国劳动社会保障出版社,2010.
[2] 郑燕宁,江芳,薛君艳. 园林工程技术与施工管理[M]. 北京:中国水利水电出版社,2014.
[3] 王钟斋. 助理景观设计师[M]. 北京:中国劳动社会保障出版社,2008.
[4] 张健. 景观设计员[M]. 北京:中国劳动社会保障出版社,2008.
[5] 王志乔. 当代景观设计师的基本素养与职业技能研究[M]. 北京:中国水利水电出版社,2016.
[6] 刘蔓,刘宇. 景观设计方法与程序[M]. 重庆:西南师范大学出版社,2008.
[7] 特鲁迪·恩特威斯尔,埃德温·奈顿. 景观设计与表现[M]. 梁晶晶,等译. 北京:中国青年出版社,2013.
[8] 赵宇. 城市广场与街道景观设计[M]. 重庆:西南师范大学出版社,2011.
[9] 文增. 城市广场设计[M]. 沈阳:辽宁美术出版社,2005.
[10] 周玉明. 景观设计[M]. 苏州:苏州大学出版社,2010.
[11] 胡景文,薛圣言,龚鹏. 园林设计[M]. 北京:中国民族摄影艺术出版社,2012.
[12] 曾威,陆军,周洁. 园林项目标准化管理手册[M]. 北京:中国建筑工业出版社,2018.
[13] 彭军,高颖. 景观材料与构造[M]. 天津:天津大学出版社,2011.
[14] 黄辉. 园林工程施工质量控制要点及通病防治工作手册[M]. 北京:中国建筑工业出版社,2015.
[15] 苏晓毅. 居住区景观设计[M].2 版. 北京:中国建筑工业出版社,2019.

致　谢

本书得到了江苏建筑职业技术学院立项的中国特色高水平专业群建设项目的支持。景观设计系列工作手册教材是该项目的重要成果。真诚希望本书能够促进高职院校环境艺术设计类专业的教学改革。

本书在撰写过程中得到了以下设计单位的支持:江苏华晟建筑设计有限公司、江苏水立方建筑装饰设计院有限公司、上海帝奥景观工程设计有限公司、徐州睿晟园林景观工程有限公司、徐州易格城市形象规划设计有限公司。在此,对以上设计单位表示衷心的感谢。

感谢江苏建筑职业技术学院建筑装饰学院对本书出版工作的指导与支持,感谢江苏建筑职业技术学院环境艺术设计专业教研室全体教师对本书撰写提供的帮助。感谢天津大学出版社的编辑们,他们对本书的顺利出版付出了很多精力。谢谢大家。

2023 年 12 月

写于成园